海味遇上湯

99種材料彩繪圖鑑

榮式住家飯 ※ 海味二代

榮式住家飯

海味二代

海味二代

作者的話

今次是我和我太太（楚榮）出版的第三本手繪食譜書，亦是三本書之中畫得最辛苦最花精力的一本。算起來，由畫第一個食材至完成這本書，大約用了差不多兩年的時間。同樣都是畫食材，為甚麼今次會畫得特別吃力呢？因為海味比一般食材畫起來更複雜，而且我對海味的認識很淺薄，最初就連川貝和薏米我都分不清楚，更不知道原來響螺都有很多種類。但後來畫著畫著，就出現了一種微妙的變化，我開始漸漸發覺自己好像在畫「秘密花園」的填色書一樣，有一種治療心靈的感覺，也成了在香港這兩年動盪的時間，我的一個小小「透氣位」。

一開始畫這本書的時候，我總覺得自己好像有一個使命感，就是要將海味重新包裝，用手繪的方法、以較年輕的感覺呈現出來，令多些年輕人可以早些認識海味，不再覺得是長輩級才要進補的東西。其實有好多海味也十分 user friendly，例如：經痛可以飲益母草紅棗當歸茶，清熱降火可以飲金羅漢果雪梨水等。

而說到最後，我最開心的是可以跟我太太並肩作戰，為著共同目標去完成一件我們認為有意義的事，這種感覺永遠都是那麼的熱血和滿足！我只是畫插畫的，所以不說太多了，希望大家會喜歡我的插畫，亦從書中的每個食材感受到我的誠意。

波屎

女士們到了某個年齡，都會開始自動自覺注重身型容貌，尋找各式各樣抗衰老的方法，甚或不惜花費大量金錢買一大堆抗皺、淡斑、增生膠原蛋白的護膚產品。但其實要做到真正的逆齡，首先要令肌膚擁有足夠的水分，才可以令膠原蛋白健康成長，擁有好像韓國明星脹卜卜、水嘟嘟的肌膚。

正所謂，女人是水造，要令肌膚擁有足夠的水分，必須由內至外補養得宜，湯水真的不能少啊！由細到大，我幾乎每天都喝湯，除了保養肌膚，更補養身體五臟六腑。老公常常問我為何食極不肥，我自己覺得是因為常常飲湯水的緣故吧，脾胃好，消化系統好，應該吸收的營養吸收得好，應該要排走的毒素定期排走，哪來需要擔心吃多了會肥胖？所以雖然結婚後過著很忙碌的生活，但無論怎樣忙也好，每星期也至少會煲一次湯，養生又養顏。老公雖然不似我那麼愛喝湯，畢竟對他來說，這不是由細到大的飲食習慣，但年紀漸漸大了，他也不得不承認要飲湯水好好養生呢！

希望這本書可以透過簡單易明的插畫，讓大家認識各式各樣的海味功效，配搭不同的食材，輕鬆養成煲湯的生活習慣。祝大家長青不老，身體健康！

楚榮

海味遇上湯

我們仁的這本小著作，竟然加印到第三版！

當日我們決定要寫這本書的時候，完全沒有想像到它竟然能一年加印三版。

但人生就是這樣，有時候不需要太大想頭，或是太多顧忌，就是踏踏實實的做好眼前的事情，好的發展就會隨之而來吧！

就好像《海味遇上湯》這本書，一開始的時候，我們沒有甚麼名人作家光環，一心就只想做一本功能性強，每個家庭都應放一本在家「看門口」的工具書；結果意想不到地得到大家的熱烈支持，有很多讀者自己收藏一本，再不停買來送給朋友，把我們這份心意一路傳遞出去，而且還吸引了很多遠在海外的朋友，把《海味遇上湯》帶到很遠很遠，除了東南亞，還遠至美加、歐英、澳紐……我們真的是非常感動！

各位對《海味遇上湯》的熱愛，以及平日在 Facebook 專頁和門市與大家的交流，證明了海味湯水不但不會落伍，反之現代人是愈來愈注重食療養生保健，明白養生湯水對健康的重要性，和希望對這些傳統智慧有更深入的認識和了解，把海味湯水代表著的一份愛和健康傳承下去。

一邊喝著媽媽準備的一盅暖心湯水，一邊寫著此序的我，希望再加印的這一版，日後能繼續它的使命，走進更多的家庭，加深大家對海味的認識，以及一起感受海味湯的功效、美味和溫暖！

Ivy Shum

Contents
目錄

Dried Seafood
PART 1
010 海產

Chinese Herbs
PART 2
060 參茸藥材

028 爵士湯

038 海馬海龍湯

104 〈 湯料 〉
PART 3
Soup Essentials

134 紅蘿蔔馬蹄海底椰雪耳湯　　149 栗子乾花豆合桃素湯

152 鮮奶杏汁燉桃膠

164 黃耳栗子合桃素湯

186 姬松茸蟲草花木耳雞湯

192 猴頭菇合掌瓜紅蘿蔔湯

煲湯五大迷思

① 煲湯凍水還是熱水落料?

　　一般湯水我都會建議凍水落料,讓食材的味道和營養可以充分釋出,因為滾水落料,會令食材表面的蛋白質快速凝固,令食材裡的營養難以流出。

　　但亦有特別的例子,例如西洋菜湯,就需滾水落料,否則會有澀味。

② 瘦肉凍水汆水還是熱水汆水?

　　汆水的目的是令肉類裡面的污物,尤其是骨類更容易藏匿的雜質、血絲,全都跑出來,祛掉肉類的腥臭膻味。而且充分汆水的肉類不論磷質或嘌呤含量都大大減低,令煲出來的湯水更清澈,而且健康。

　　但如滾水才落肉類,會令肉類表面的蛋白質快速凝固,污物便給鎖住了,不易流出。所以肉類,尤其是骨類,最好連同冷水一起加熱至煮開汆水。

③ 驚痛風係咪唔好飲湯?

　　痛風病人經常會擔心湯水裡會有大量嘌呤,誘發痛風發作。但其實只要把湯水控制在煮 2 小時以內,亦可減少肉類份量,或肉類最後約 45 分鐘才放入同煮,便可控制嘌呤含量,令痛風病人亦可適量飲用。

　　再者,不少湯水其實亦可以紓緩痛風症狀,例如可祛水消腫的雲苓薏米粟米湯,或通血降壓的木耳蘋果紅棗湯,都是能幫助及預防痛風的湯水。

④ 隔夜湯係咪唔好?

隔夜湯比即日湯更香濃,是因為材料於湯中浸泡時間長了,而且翻熱令水分揮發,濃度當然愈高。但其實不是所有湯水都可以隔夜,尤其是含有雪耳、木耳等朵菌類的湯水,因為它們隔夜會釋出亞硝酸鹽等有害物質,如有剩餘湯水,需要把湯渣隔走,只留湯水,放雪櫃保存可存放多一天。

至於其他湯水,亦會建議把湯料和湯渣分開存放,飲用時再放回一起,充分加熱後才飲用。

⑤ 唔想成日落肉煲湯,但唔落肉又唔夠味?

其實現在愈來愈流行素湯,不需落肉,靠其他食材亦能煲出香甜濃郁的湯水。

常用的材料有:

- 果仁豆類 - 例如腰果、合桃、花生、花豆、栗子、黑豆等

- 瓜菜類 - 粟米、紅蘿蔔、合掌瓜、紅菜頭、蘋果、粉葛等

- 菇菌類 - 姬茸菇、冬菇、茶樹菇、猴頭菇、蟲草花、羊肚菌等

這些都是帶濃郁香味或香甜的食材,材料足夠的話煲湯不用落肉都好好味。

Dried Seafood

PART 1

海產

鮑魚

Abalone

歷朝歷代，鮑魚都是御膳貢品。清代之後更有海八珍一説，鮑魚就是其中之一啦！

儲存方法 雪櫃

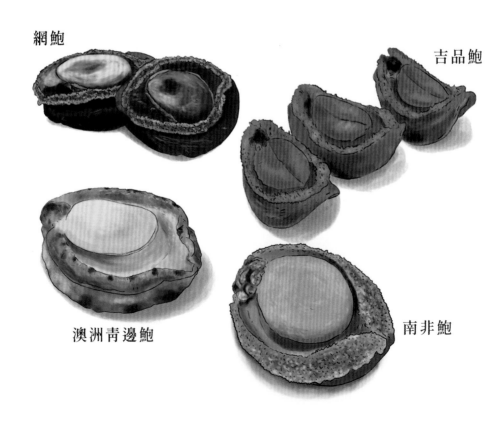

網鮑

吉品鮑

澳洲青邊鮑

南非鮑

[功效]

· 滋陰補養，補而不燥。

· 養血明目

· 補肝益精

· 含豐富蛋白質、鈣、鐵、碘和維生素 A 等多種微量元素。

· 鮑魚含有「鮑素」，能夠破壞癌細胞必需的代謝物質。

· 固腎，調節腎上腺分泌。

[揀選]

· 腰圓肥厚

· 外表以及枕邊完好無缺

· 聞起來有鮑魚鮮味甘香

· 新水鮑魚顏色會較淺，配合適當保存方法顏色會日漸轉深，味道亦愈香醇。

[處理]

❶ 鮑魚放雪櫃浸 3 - 7 天（視乎鮑魚大小而定），每天換水。

❷ 用刷子洗淨鮑魚，剪去鮑魚嘴。

乾鮑盛產地：
日本、南非、中東、印尼等

北冰洋

大西洋

歐洲

[中東]

中東鮑外形與日本禾蔴鮑有點相似，同樣較扁身，但顏色較暗啞。中東鮑勝在容易處理，睭滑甘香。

非洲

[印尼]

印尼出產**鮑魚仔**，肉質較硬且粗糙。

注意：一般用作煲湯材料。

印度洋

[南非]

南非鮑個頭大，價錢相宜，裙邊大且粗身，肉質較硬而且受火。

注意：經驗不足的炆鮑魚新手未必能把南非鮑炆至睭滑。

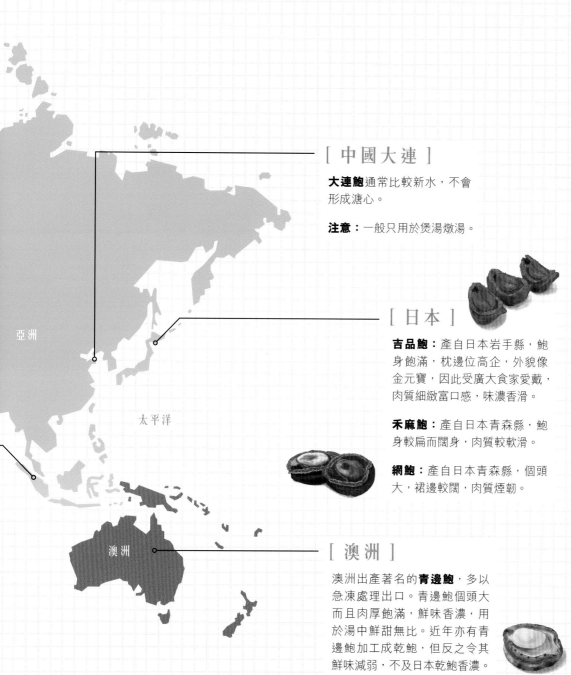

[中國大連]

大連鮑通常比較新水，不會形成溏心。

注意：一般只用於煲湯燉湯。

[日本]

吉品鮑：產自日本岩手縣，鮑身飽滿，枕邊位高企，外貌像金元寶，因此受廣大食家愛戴，肉質細緻富口感，味濃香滑。

禾麻鮑：產自日本青森縣，鮑身較扁而闊身，肉質較軟滑。

網鮑：產自日本青森縣，個頭大，裙邊較闊，肉質煙韌。

[澳洲]

澳洲出產著名的**青邊鮑**，多以急凍處理出口。青邊鮑個頭大而且肉厚飽滿，鮮味香濃，用於湯中鮮甜無比。近年亦有青邊鮑加工成乾鮑，但反之令其鮮味減弱，不及日本乾鮑香濃。

亞洲

太平洋

澳洲

Braised Dried Abalone

炆乾鮑魚

材料 Ingredients

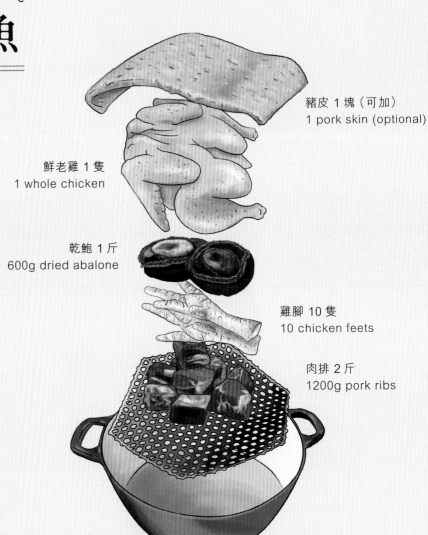

豬皮 1 塊（可加）
1 pork skin (optional)

鮮老雞 1 隻
1 whole chicken

乾鮑 1 斤
600g dried abalone

雞腳 10 隻
10 chicken feets

肉排 2 斤
1200g pork ribs

做法　Method

① 鮑魚放雪櫃浸 3 - 7 天，每天換水。

Soak abalones in the fridge for 3 - 7 days, depending on its size, change out the water every day.

② 用刷子洗淨鮑魚，剪去鮑魚嘴。

Clean abalone with a stiff brush, scrub abalone until it is free of debris. Discard it bowels.

③ 準備炆鮑魚配料：肉排、鮮老雞、雞腳、豬皮。材料預先洗淨汆水備用。

Blanch all ingredients and clean well.

④ 準備瓦煲：竹蓆鋪底，排好材料，鮑魚夾於中間，加入熱水至蓋過材料兩吋高度。

Use a clay pot/cast iron pot: first place a bamboo mat at the bottom, then stack in order: pork ribs, chicken feet, abalones, chicken, and lastly a piece of pork skin to cover everything. Add boiling water to cover all ingredients.

⑤ 煲滾後轉小火炆 4 小時，熄火焗 4 小時。重複炆焗至鮑魚腍透。最後一次焗時放入蠔油。（注意每次炆時要檢查水量是否充足，如有需要加水必須要加熱滾水。）

Cook over high heat until boiling, turn the heat down to low heat to stew for 4 hours. Turn off the heat and leave it covered for another 4 hours. Repeat until abalones become tender. Add premium oyster sauce to taste for the last time round. (Check if there is enough water in the pot at the start of each stewing session, hot boiling water must be used if needed.)

⑥ 將已炆好的鮑魚拿出，放陰涼地方風乾大約 2 小時回潃。

Take out all abalones on a plate and leave them to cool at room temperature for 2 hours.

⑦ 其他配料連汁大火煲至濃稠黏身，隔渣，加蠔油及冰糖調味，放入炆好的鮑魚加熱，令鮑汁掛在鮑魚上即可細味品嚐。

Heat the stock with the remaining ingredients over high heat until it thickens. Strain the stock and discard all solids. Add premium oyster sauce and rock sugar to taste. Return abalones and heat till the jus is reduced and thick enough to hang on abalones. Bon apetite!

海參 Sea Cucumber

海參

Sea Cucumber

海參有「海中人參」之美名，營養價值極高，膽固醇及脂肪含量極低，屬養生保健良品。

儲存方法　乾爽陰涼地方

[功效]

· 補腎益精

· 抗衰老

· 調和五臟六腑，
　增強體質

· 改善睡眠

· 益精養宮

· 提升懷孕機率

· 老幼孕婦、
　身體虛弱人士皆宜

· 特別適合小便次數頻繁，
　腎虛人士。

已浸發日本遼參

海味遇上湯

[揀選]

· 表面完整，除了肚的開口位，其他地方不應有破損。

· 淡淡海水香氣，沒有霉味。

· 肥厚

· **遠參**：刺針愈密愈粗，價值愈高，肉壁愈肥厚。

· 表面白灰愈少，愈容易清洗。

[處理]

浸發海參方法

❶ 海參用清水浸一天，早晚換水。（切記忌油）

❷ 用大鍋煲滾水，水滾後放入海參煲 5-30 分鐘（視乎海參品種、大小而定），熄火不要打開蓋，焗一晚。

❸ 翌日早上剪開肚，換清水再浸。同一天晚上把海參分類：感覺還硬的再用滾水煲 5-30 分鐘，熄火後把餘下海參都放進煲裡，再焗一晚。

❹ 翌日去腸洗淨，換水放雪櫃浸 2 天，效果最為理想。浸發完成後可分好每次用量放入冰格急凍保存。

不同海參品種列表

	北海道／關東遼參	關西遼參	禿參
產地	日本北海道／關東地區	日本關西地區	澳洲、非洲、印尼等
外形特徵	體型短小，刺針明顯。四排或六排刺針。	體型短小，但刺針疏而短。	灰黑色，帶橫紋。身型較圓，表面無刺針，浸發後肉質是白色的。
泡發率	8 - 10 倍	8 - 10 倍	5 - 8 倍
口感	參味最濃，肉質爽脆。	參味濃，清爽口感。	肉質爽滑，口感豐富帶膠質。
總評	最高級別的海參，食用療效亦最強。海參的鮮味十分重，令人一試難忘。於冰冷的火山海底生長，所以礦物質含量高，而且肉厚肥美。	關西地區水溫較暖，海參生長速度較快，所以刺針會較疏而短。泡發率相若，但價錢較關東地區便宜一半，性價比高，屬用家之選。	禿參容易清洗處理，而且口感豐富帶膠質。泡發率高，尤其澳洲出產的可達 8 倍泡發率，價錢亦較親民，所以是極受歡迎的海參品種之一。

豬婆參	墨西哥刺參	土耳其參	大連遼參
澳洲、非洲、印尼等	墨西哥	土耳其、中東地區	中國
個頭大，每隻可重達 300 - 600 克。	體型肥胖，灰黑色帶灰同樣帶刺，但刺針較短且倔。	個頭細小，顏色烏黑。	外形與日本遼參相若
2 - 3 倍	5 - 6 倍	4 - 5 倍	2 倍
煙韌軟糯	肉厚，質地細膩。	爽脆	口感與日本遼參相若
豬婆參個頭大，所以雖然泡發率低，但浸發後依然「好有睇頭」。口感煙韌軟糯，耐火，主要受年長一輩歡迎。	墨西哥刺參雖同樣帶刺，但與日本遼參外形不同，墨西哥刺參身型肥胖帶灰，普遍身型較日本遼參大，泡發後肉質偏白，肉厚質地細膩，因此受中餐廳歡迎。	土耳其參配合當地人的獨有製乾海參手法，所以帶有獨特的味道。浸發後味道會消失，海參味不算重。勝在價錢相宜，而且口感爽脆，適合用於做菜式，炒或涼拌，各有風味。	無論口感與外形皆與日本遼參相若，可惜加工技術沒日本的好，而且有機會下鹽巴去製乾，令海參更重身，所以泡發率很低。

Sea Cucumber Soup with Conch and Bamboo Fungus

海參響螺竹笙湯

| 湯水功效 | 補腎護肝　補氣滋潤　平和地保養五臟 |

材料　Ingredients

海參　12 両（浸發好計）
450g sea cucumber
(soaked)

響螺　2 両
75g dried conch

杞子 15 克
15g goji berries

竹笙　6 條
6 bamboo fungus

生曬淮山　1 両半
55g Chinese yam

姬茸菇　15 朵
15 blaze mushroom

瘦肉　半斤
300g lean pork

水　2500 毫升
2500ml water

做法　Method

❶ 海參預先浸發好，洗淨備用。（參考前頁 P.19）
Have sea cucumber prepared beforehand. (Please refer to P.19 for instruction)

❷ 響螺用水浸 30 分鐘，汆水後剪成小塊。
Soak conch for 30 mins. Blanch and cut into small pieces.

❸ 生曬淮山和杞子洗淨；姬茸菇和竹笙用水浸 20 分鐘至軟身，清洗乾淨備用。
Rinse yam and goji berries. Soak blaze mushroom and bamboo fungus for 20 mins until soft, then clean.

❹ 瘦肉切件，放入凍水汆水後沖水洗淨。
Cut lean pork into chunks and blanch.

❺ 除竹笙和杞子外，把所有材料連 2500 毫升水一同大火煲滾後轉文火煲約 2 小時。
Combine ingredients (except bamboo fungus and goji berries) with 2500ml of water in a pot, place over high heat until it boils. Switch to medium-low heat and cook for 2 hours.

❻ 加入竹笙和杞子，再煲 10 分鐘，最後加少許鹽調味，即成。
Add bamboo fungus, goji berries and cook for another 10 mins. Add salt to taste.

花膠
Fish Maw

又稱魚肚，即是「鮑參翅肚」四珍中的「肚」。以豐富的膠原蛋白而聞名遐邇，獨步天下。

儲存方法 乾爽陰涼地方

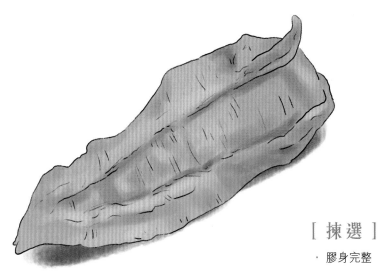

[功效]

· 含豐富膠原蛋白，幫助韌帶、關節軟骨、皮膚修復。

· 滋陰養顏，保持皮膚緊緻。

· 加快傷口癒合

· 安胎長胎，所以如懷孕期間嬰兒不足磅，會建議孕媽媽多食花膠。

· 補腎益精，消除疲勞，固本培元。

[揀選]

· 膠身完整

· 厚身

· 血筋愈少，愈不會腥

· 老身花膠會比新水花膠顏色較深

· 老身花膠發頭較佳

五大種類

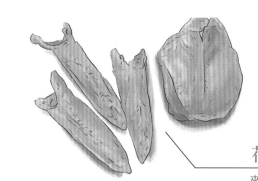

花膠筒與鴨泡肚

來自同一類魚，主要產自非洲淡水湖。這種花膠主要的特徵是花膠中間有一條膠筋，而且沒有公乸之分。花膠筒／鴨泡肚口感介乎花膠公與花膠乸之間，偏軟滑臉身。

扎膠

主要產自中美洲，因花膠身「窄」而長因而得名。屬於食療級的花膠。有公乸之分：扎膠公肉質紋理清晰，有兩條明顯的行線。扎膠公受火能力強，不易溶化，口感爽滑，湯水清而不膩；扎膠乸紋理縱橫雜亂，煲後較黏身，俗稱「瀉身」，但一般會較厚身。

鰵魚膠

主要產自印度洋海域，是這市面上最普及的五種花膠中最名貴的一種，是屬於食療級的花膠。鰵魚膠亦是有公乸之分，同樣，鰵魚公口感爽滑帶韌性，而鰵魚乸則較糊口，欠口感。鰵魚膠通常製乾時做成馬鞍形狀，泡發後花膠會變成長身而且肉厚。

鱈魚膠

主要產自北歐，是食用級花膠中比較平價的一種。它的優點在於乾淨易處理，不腥亦不黏嘴，價錢親民。但它的膠質不重，屬粗食之選。

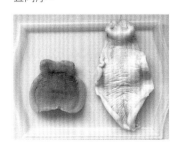

花膠 Q & A

Q 波屍、楚榮　　A 海味二代

Q1　如何分辨花膠公乸？

A1　首先，不是每一種花膠都有分公乸的。例如花膠筒、鱈魚膠等，便沒有公乸之分。一般而言，花膠公肉質紋理清晰，某些花膠公（例如扎膠、鰵魚膠）會有兩條明顯行線，是最容易可以分辨到的特徵。而花膠乸則紋理較縱橫雜亂，一般亦較厚身。

Q2　花膠愈深色愈靚？

A2　花膠愈放顏色會愈深，水份會走，腥味愈淡，花膠味更濃。因此「花膠愈深色愈靚」，這句話是對的。但前提是比較同一魚種的花膠，因為有些魚種本身顏色就較淺，不能直接將兩種不同的花膠以顏色深淺來定奪身價和質素。

Q3　如何浸發花膠？

A3　❶ 將花膠隔水蒸 10 - 30 分鐘，按花膠大小厚薄而定。

❷ 熄火，把花膠放入約 70 度熱水中，焗至水涼。

❸ 換水將花膠連水放雪櫃浸 1 - 2 天。

花膠公　　　　　　花膠乸

未浸發前（左）隔水蒸後再浸（中）只用清水浸洗（右）

先蒸再浸比起只用清水浸會發得比較大

Q4 花膠存放得愈耐愈靚？

A4 正如上面所講，花膠愈放顏色會愈深，水份會走，腥味愈淡，花膠味更濃。花膠的確是愈老愈靚，但一定要存放得宜。首先要確保花膠是完全乾爽，再放於密封、陰涼的地方，盡量隔絕與空氣接觸。可以放適量八角與花膠一起於容器內作防蟲之用。

Q5 如何揀花膠？

A5
- 頭數愈少，花膠愈大隻
- 厚身
- 沒有瘀血、血絲、髒物等。因浸泡後處理不清，會有腥味。
- 破損不影響營養價值，但會影響外形，例如用來做花膠扒的話就會不夠完整。

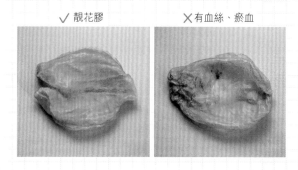

✓靚花膠　　✗有血絲、瘀血

Soup for the Duke

爵 士 湯

湯水功效 | 滋陰養血 潤燥養顏

⬆ 難度指數 4　⏱ 2.5 小時　👥👥 4 人份量

材料　Ingredients

花膠 1 両半
55g fish maw

響螺 2 両
75g dried conch

蜜瓜 半個
½ honey dew

沙參 1 両
38g shashen

海竹頭 1 両
38g polygonatum root

無花果 6 粒
6 dried figs

陳皮 1 片
1 tangerine peel

瘦肉 1 斤
600g lean pork

雞腳 6 隻
6 chicken feet

水 3000 毫升
3000ml water

做法　Method

❶ 花膠預先浸發好（參考前頁 P.26）
Have fish maw prepared beforehand. (Please refer to P.26 for instruction)

❷ 響螺用水浸 30 分鐘，汆水後剪成小塊。
Soak conch for 30 mins. Blanch and cut into small pieces.

❸ 沙參用水浸 10 分鐘；陳皮用水浸 10 分鐘，刮瓤洗淨。
Soak shashen for 10 mins; soak tangerine peel also for 10 mins until soft, scrape off the pith.

❹ 無花果洗淨剪開一半；海竹頭洗淨切片。
Rinse figs and cut into halves; rinse polygonatum root and cut into thin slices.

❺ 蜜瓜去皮，刮走瓜籽，切塊。
Peel honey dew and remove the seeds, cut into chunks.

❻ 雞腳剪走腳趾，連同瘦肉放入凍水汆水後沖水洗淨。
Clip the claws of chicken foot, blanch together with lean pork.

❼ 除花膠外，所有材料放入 3000 毫升開水，大火滾起後，轉中小火煲約 2 小時。
Combine ingredients（except fish maw）with 3000ml of water in a pot, place over high heat until it boils. Switch to medium-low heat and cook for 2 hours.

❽ 加入花膠，再煲 30 分鐘，最後加少許鹽調味，即成。
Add fish maw and cook for another 30 mins. Add salt to taste.

元貝

Dried Scallop

元貝，又名「瑤柱」、「江瑤柱」、「乾貝」，味道鮮甜香濃。「元」代表「團圓」、「貝」亦即貨幣，有「賺錢」好意頭。

儲存方法　雪櫃

中國 元貝

日本 元貝

[功效]

· 滋陰養血

· 補虛

· 平肝生津

· 豐富蛋白質

[揀選]

· 乾身

· 完整

· 鮮味濃郁

[產地]

日本：品質最好；乾身鬆化而且味道香甜。

中國大連／ 清島：多帶點水分和偏鹹，不宜久放。

[分類和規格]

日本元貝分類很細緻，先
分大小，再分級數。

大小（size）： LL、L、M、
S、SA、SAS、4S

級數： 一等、二等、三等、
B（broken，即貝碎）

SA	S	M	LL
140-160 粒 / 斤	100-120 粒 / 斤	80-90 粒 / 斤	40-50 粒 / 斤

元貝大小比較圖

[處理]

日本元貝： 先用清水清淨，再
換清水浸泡一小時，浸元貝的
水可用。

中國元貝： 清洗後浸泡 10 分
鐘即可用，浸元貝的水不要。

[注意]

如果原粒用來做菜的話，
浸軟後需除去枕邊比較硬
的部分，因為吃起來會帶
韌。如果用來煲湯的話則
可省去此步驟。

鮑魚元貝烏雞湯

Chicken Soup with Abalone and Dried Scallops

湯水功效 │ 滋陰清熱　養肝明目　補腎益氣

材料　Ingredients

澳洲青邊鮑 1 磅
1 lb frozen Australian
green lip abalone

元貝 8 粒
8 dried scallops

生曬淮山 1 両
38g Chinese yam

杞子 15 克
15g goji berries

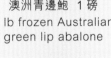

紅棗 6 粒
6 red dates

烏雞 1 隻
1 black chicken

薑 3 片
3 ginger slices

水 3000 毫升
3000ml water

做法　Method

① 鮑魚解凍，用刷子洗刷乾淨，加薑汆水備用。
Thaw frozen abalones and clean with a brush, blanch with ginger slices.

② 元貝先沖水洗淨，再用清水浸 30 分鐘，元貝水可留起用。
Rinse dried scallops first and then soak in water for 30 mins. The water can be used for the soup too.

③ 紅棗洗淨剪半去核；生曬淮山和杞子洗淨。
Rinse red dates, chinese yam and goji berries. De-seed red dates.

④ 烏雞洗淨後切走頸位和尾部，除去內臟，切開 4 份，汆水後沖洗乾淨。
Clean black chicken, remove its neck, tail, and all organs. Cut into 4 pieces and blanch.

⑤ 除杞子外，把所有材料連 3000 毫升開水一同大火煲滾後轉文火煲約 2.5 小時。
Combine ingredients (except goji berries) with 3000ml of water in a pot, place over high heat until it boils. Switch to medium-low heat and cook for 2.5 hours.

⑥ 加入杞子，再煲 10 分鐘，最後放鹽調味即成。
Add goji berries and cook for another 10 mins. Add salt to taste.

章魚

Dried Octopus

章魚是高蛋白、低脂肪的海鮮,有豐富的營養,是相當經濟的滋陰補品。乾的時候香味已十分濃烈,用於湯中頓時令整個湯水香濃誘人!

儲存方法　雪櫃

[功效]

· 養血

· 緩解疲勞

· 令肌膚帶光澤感

· 產後補虛、通乳
　(哺乳中媽媽適合!)

[揀選]

· 厚身

· 顏色帶啡而通透

· 香味濃郁

[處理]

章魚用清水沖洗乾淨後,
留意章魚身有否竹枝殘留,
浸軟後剪成小段即可。

↑ 難度指數 2　　⏱ 2 小時　　👥 4 人份量

青木瓜章魚通草湯

Dried Octopus Soup with Green Papaya and Tongcao

湯水功效 ｜ 通乳上奶　養血補虛　利水消腫

材料　Ingredients

青木瓜 1 個
1 green papaya

無花果 4 粒
4 dried figs

大章魚 1 隻
1 big size dried
octopus

陳皮 1 片
1 dried
tangerine peel

花生 1 両
38g peanuts

豬骨 半斤
300g pork bones

通草 2 錢
8g tongcao

水 2500 毫升
2500ml water

做法　Method

❶ 青木瓜去皮去籽，切件。
Peel green papaya and remove the seeds, cut into chunks.

❷ 花生用水浸 10 分鐘；通草用水浸 30 分鐘。
Soak peanuts for 10 mins; soak tongcao for 30 mins.

❸ 陳皮用水浸 10 分鐘刮瓢洗淨。
Soak dried tangerine peel for 10 mins until soft, scrape off the pith.

❹ 無花果洗淨剪開一半；章魚剪開洗淨。
Rinse figs and cut into halves; rinse dried octopus and cut into smaller pieces.

❺ 豬骨放入凍水汆水後沖水洗淨。
Blanch pork bones.

❻ 所有材料連 2500 毫升開水一同大火滾起後，轉中小火煲約 2 小時，最後加少許鹽調味，即成。
Combine ingredients with 2500ml of water in a pot, place over high heat until it boils. Switch to medium-low heat and cook for 2 hours. Add salt to taste.

海龍

Sea Dragon

海龍身體骨化，不能直接食用，但用於燉湯或浸酒，溫腎壯陽，功效超卓！海龍跟海馬是親戚，都屬海龍魚科。

儲存方法　冰格

[功效]

- 補腎壯陽
- 舒筋活絡
- 止咳化痰
- 去淋巴毒
- 治尿頻，減少夜尿。

[揀選]

- 海龍有「大肚海龍」和「方海龍」2種，「大肚海龍」功效最好，但價錢相對貴得多。

- 「大肚海龍」主要來自澳洲和紐西蘭，最大的每隻可以達1両重。

- 「方海龍」相對較細和輕，顏色亦比「大肚海龍」深。

海　馬
Seahorse

這頭型長得像馬的海產，有很高的藥用價值，是名貴中藥材，與人參齊名，有「北地人參，南方海馬」稱譽。大家知道嗎？生海馬寶寶的是海馬爸爸啊！

儲存方法　冰格

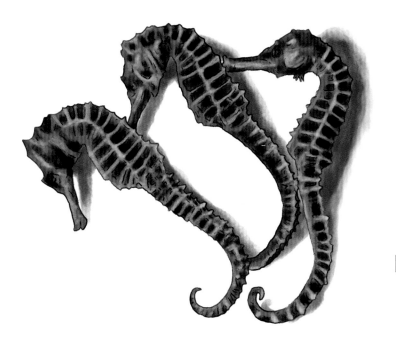

[揀選]

· 雄性海馬會有肚袋；雌性海馬的肚則是平的，因海馬是世界上唯一由雄性孕育小孩的動物。

· 完整，沒有蛀蟲。

· 輕身

· 基本上海馬愈大，功效愈好。一吋長，一吋強啊！

[功效]

· 消炎、去痰火

· 止咳平喘

· 增強抵抗力

· 補腎虛、壯陽

· 消淋巴結核

· 改善扁桃腺腫大

· 治尿頻、減少夜尿

Seahorse and Sea Dragon Soup

海馬海龍湯

湯水功效 | 補腎長陽氣 消除炎症 改善尿頻

⬆ 難度指數 2　　🕐 4 小時　　👨‍👩‍👧 4 人份量　　🍲 燉盅

材料　Ingredients

海龍　3 錢
12g sea dragon

海馬　3 錢
12g seahorse

石斛　3 錢
12g shihu

陳皮　1 塊
1 tangerine peel

圓肉　15 粒
15 dried longan

瘦肉 5 両
200g lean pork

水　1800 毫升
1800ml water

做法　Method

❶ 海龍、海馬、圓肉和石斛洗淨。
Rinse sea dragon, seahorse, longan and shihu.

❷ 陳皮用水浸 10 分鐘刮瓤洗淨。
Soak tangerine peel for 10 mins until soft, scrape off the pith.

❸ 瘦肉切件，放入凍水汆水，沖水洗淨。
Cut lean pork into chunks and blanch.

❹ 所有材料連 1800 毫升開水一同大火煲滾後放入燉盅燉 4 小時，最後加少許鹽調味，即成。
Combine ingredients with 1800ml water in a pot, place over high heat until it boils vigorously. Transfer to a double boiler and slow cook for 4 hours. Add salt to taste.

日月魚

Asian Moon Scallops

日月魚暱稱「明目魚」，雖然叫作魚，但其實是貝類。單從名字就知道，有明目的功效。

儲存方法　雪櫃

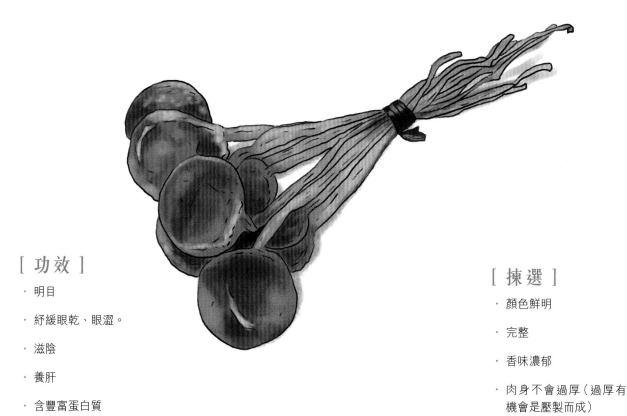

[功效]

· 明目

· 紓緩眼乾、眼澀。

· 滋陰

· 養肝

· 含豐富蛋白質

[揀選]

· 顏色鮮明

· 完整

· 香味濃郁

· 肉身不會過厚（過厚有機會是壓製而成）

⬆ 難度指數 4　　⏱ 4 小時　　👥 4 人份量　　🍲 燉盅

花膠石斛日月魚湯
Fish Maw Soup with Asian Moon Scallops

湯水功效 ｜ 滋潤皮膚　養陰補虛　改善眼乾眼澀　改善睡眠質素

材料　Ingredients

花膠 1 両半
55g fish maw

石斛 3 錢
12g shihu

日月魚 1 両半
55g asian moon scallops

元貝 3 粒
3 dried scallops

杞子 15 克
15g goji berries

烏雞 1 隻
1 black chicken

薑 1 片
1 ginger slice

水 1800 毫升
1800ml water

做法　Method

❶ 花膠預先浸發好（參考前頁 P.26）
Have fish maw prepared beforehand. (Please refer to P.26 for instruction)

❷ 元貝先沖水洗淨，再用清水浸 30 分鐘，元貝水可留起用。
Rinse dried scallops and then soak in water for 30 mins. The water can be used for the soup too.

❸ 日月魚用清水浸 30 分鐘；杞子和石斛洗淨。
Soak asian moon scallops for 30 mins; rinse goji berries and shihu.

❹ 烏雞洗淨後切走頸位和尾部，除去內臟，切開 4 份，汆水後沖洗乾淨。
Clean black chicken, removing its neck, tail, and all organs. Cut into 4 pieces and blanch.

❺ 除花膠和杞子外，所有材料連 1800 毫升開水一同大火煲滾後放入燉盅燉 3 小時。
Combine ingredients (except fish maw and goji berries) with 1800ml water in a pot, place over high heat until it boils vigorously. Transfer everything to a double boiler and slow cook for 3 hours.

❻ 加入花膠和杞子，再燉 45 分鐘，即成。
Add fish maw, goji berries and cook for another 45 mins. Add salt to taste.

響螺
Conch

響螺滋陰潤燥補腎，味甘鹹，適合燉湯、白灼、熱炒等不同方法烹調。它擁有堅硬修長的外殼，據說往日漁民常用其殼來吹號，故有「響螺」之稱。

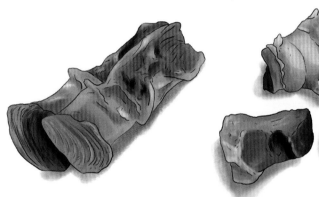

[功效]

· 滋陰補腎
· 含豐富蛋白質
· 提高免疫力

	響螺	螺頭
主要產地	美國	非洲、南美、中國
口感	帶鮑魚口感	味濃，有嚼勁。
價錢	$$$	$$
浸發時間	1 小時	隔晚浸（～ 12 小時）
儲存方法	雪櫃（0-4℃）	雪櫃（0-4℃）

五大響螺種類列表

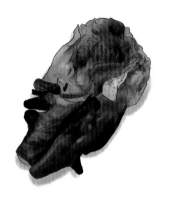
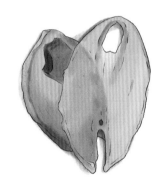

鳳凰螺	螺片	急凍響螺
南美、澳洲	非洲、中國	美國
帶鮑魚口感	脆滑	味道鮮甜，較乾品腍軟。
$$	$	$$
3-6 小時	1 小時	解凍泡軟即成
雪櫃（0-4℃）	密封放於乾燥陰涼地方	冰格 (-10℃ 以下)

花旗參蟲草花響螺湯

American Ginseng Soup with
Cordyceps Flower and Conch

湯水功效 ｜ 養陰除燥　益氣生津　抗疲勞

⬆️ 難度指數 3　　⏱️ 2.5 小時　　👥 4 人份量

材料　Ingredients

花旗參 20 克
20g American Ginseng

蟲草花 1 両
38g cordyceps flowers

螺頭 2 両
75g dried conch

生曬淮山 1 両
38g Chinese yam

海竹頭 1 両
38g polygonatum root

南棗 10 粒
10 black dates

瘦肉 1 斤
600g lean pork

水 2500 毫升
2500ml water

做法　Method

❶ 螺頭用水浸泡過夜，汆水後剪成小塊。
Soak conch overnight. Blanch and then cut into small pieces.

❷ 花旗參、蟲草花、南棗和生曬淮山洗淨。
Rinse American ginseng, cordyceps flower, black dates and chinese yam.

❸ 海竹頭洗淨切片。
Rinse polygonatum root and cut into thin slices.

❹ 瘦肉切件，放入凍水汆水，沖水洗淨。
Cut lean pork into big chunks and blanch.

❺ 除花旗參外，把所有材料連 2500 毫升開水一同大火煲滾後轉文火煲約 2 小時。
Combine ingredients (except American ginseng) with 2500ml of water in a pot, place over high heat until it boils. Switch to medium-low heat and cook for 2 hours.

❻ 加入花旗參，再煲 30 分鐘，最後加少許鹽調味，即成。
Add American ginseng and cook for another 30 mins. Add salt to taste.

海星

Starfish

海星外形可愛，味道帶
點海水鮮味；對扁桃腺，
淋巴結容易腫大發炎人
士好有幫助。

儲存方法　雪櫃

[功效]

· 祛痰火

· 止咳消炎

· 通淋巴排毒

· 增強氣管功能

[揀選]

· 完整無破爛

· 乾淡海產鮮味

[處理]

❶ 清水浸泡 20 分鐘
　至軟身

❷ 從背後打開海星

❸ 用筷子輔助下將
　黑色內臟取出

❹ 清洗乾淨後汆水

Starfish and Apple Soup with Sea Coconut

海星蘋果海底椰湯

湯水功效 | 消腫散結 化痰止咳 紓緩氣管敏感

材料 Ingredients

蘋果 3 個
3 apples

海星 3 隻
3 starfish

蟲草花 1 両
38g cordyceps flower

海底椰 20 克
20g sea coconut

生曬淮山 1 両
38g Chinese yam

百合 1 両
38g dried lily bulbs

海竹頭 1 両
38g polygonatum root

無花果 6 粒
6 dried figs

瘦肉 1 斤
600g lean pork

水 3000 毫升
3000ml water

做法　Method

① 蘋果削皮、切塊、去芯；蟲草花、生曬淮山和海底椰洗淨。
Peel and core apples, rinse cordyceps flower, Chinese yam, and sea coconut

② 無花果洗淨剪開一半；百合用水浸 30 分鐘；海竹頭洗淨切片。
Rinse figs and cut into halves; soak dried lily bulbs for 30 mins; Rinse polygonatum root and cut into thin slices.

③ 海星用水浸 20 分鐘，反轉白色一面，用筷子將黑色內臟取出，汆水洗淨。
Soak starfish for 20 mins, tear open from its back and remove all black intestines, and then blanch.

④ 瘦肉切件，放入凍水汆水，沖水洗淨。
Cut lean pork into chunks and blanch.

⑤ 所有材料連 3000 毫升開水一同大火煲滾後轉文火煲約 2 小時，最後放鹽調味即成。
Combine all ingredients with 3000ml of water in a pot, place over high heat until it boils. Switch to medium-low heat and cook for 2 hours. Add salt to taste.

象拔蚌

Dried Geoduck

新鮮象拔蚌刺身鮮甜爽脆；象拔蚌乾用於煲湯、煮粥則香濃無比！它是貝類海鮮，因其肥大粗壯的虹管像象鼻而得名。

儲存方法 雪櫃

[功效]

· 滋陰

· 補肝腎

· 改善尿頻

· 退熱明目

· 清肝火

⬆ 難度指數 4　　⏱ 2 小時　　👥 4 人份量

象拔蚌海參茨實湯

Sea Cucumber and Dried Geoduck Soup

湯水功效 ｜ 改善尿頻　補腎安神　明目清肝火

材料　Ingredients

象拔蚌 1 両
38g dried geoduck

海參 12 両（浸發好）
450g sea cucumber (soaked)

生曬淮山 1 両
38g Chinese yam

製茨實 1 両
38g processed gorgon fruits

湘蓮子 1 両
38g red lotus seed

圓肉 15 粒
15 dried longan

瘦肉 1 斤
600g lean pork

水 2500 毫升
2500ml water

做法　Method

① 海參預先浸發好，洗淨備用。（參考前頁 P.19）
Have sea cucumber prepared beforehand. (Please refer to P.19 for instruction)

② 象拔蚌用清水浸 1 小時備用。
Soak dried geoduck for an hour.

③ 蓮子用熱水浸 5 分鐘，瀝水備用。
Soak red lotus seed in hot water for 5 mins.

④ 生曬淮山、茨實和圓肉洗淨。
Rinse chinese yam, gorgon fruits and longan.

⑤ 瘦肉切件，放入凍水汆水，沖水洗淨。
Cut lean pork into big chunks and blanch.

⑥ 所有材料連 2500 毫升開水一同大火煲滾後轉文火煲約 2 小時，最後放鹽調味即成。
Combine ingredients with 2500ml of water in a pot, place over high heat until it boils. Switch to medium-low heat and cook for 2 hours. Add salt to taste.

鱷魚肉

Dried Crocodile Meat

秋冬轉季、天氣乾燥時候的常用食材。有哮喘，或容易咳嗽的朋友，對於用鱷魚肉煲湯應該一點都不陌生。

儲存方法　雪櫃

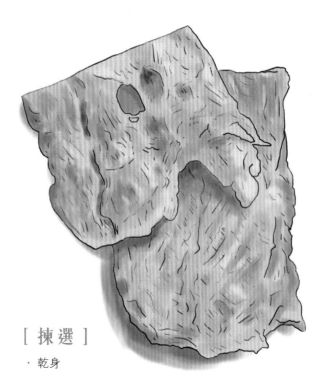

[功效]

· 強健肺部功能

· 止咳

· 順氣

· 化痰

[揀選]

· 乾身

· 金黃色

· 完整不碎身

Chuanbei and Sea Coconut Soup with Dried Crocodile Meat

川貝海底椰鱷魚肉湯

湯水功效 ｜ 化痰止咳平喘　清熱潤肺

材料　Ingredients

| 川貝 半両
18g chuanbei | 海底椰 20 克
20g sea coconut | 鱷魚肉 1 両
38g dried
crocodile meat | 南北杏 20 克
20g apricot kernel | 生曬淮山 1 両
38g chinese yam |

| 無花果 6 粒
6 dried figs | 陳皮 1 片
1 tangerine peel | 瘦肉 1 斤
600g lean pork | 水 2500 毫升
2500ml water |

做法　Method

1 川貝、陳皮分別用水浸 10 分鐘，陳皮刮瓢洗淨。
Soak tangerine peel for 10 mins until soft, scrape off the pith. Soak chuanbei also for 10 mins.

2 海底椰、南北杏、生曬淮山和無花果洗淨，無花果剪開一半。
Rinse figs and cut into halves; rinse sea coconut, apricot kernel and chinese yam.

3 瘦肉切件，放入凍水汆水後沖水洗淨。
Cut lean pork into big chunks and blanch.

4 鱷魚肉放入滾水汆水半分鐘後沖水洗淨。
Blanch dried crocodile meat.

5 所有材料連 2500 毫升開水一同大火煲滾後轉文火煲約 2 小時，最後放鹽調味即成。
Combine ingredients with 2500ml of water in a pot, place over high heat until it boils. Switch to medium-low heat and cook for 2 hours. Add salt to taste.

蠔豉／金蠔

Dried Oysters

不論是做菜或是用於煲湯，總覺得帶有蠔豉的成品，有股「媽媽的味道」！蠔豉由蠔生曬風乾而成；在廣東及香港，因其粵語發音和「好市／好事」相似，而被視為好意頭食物。

儲存方法 冰格

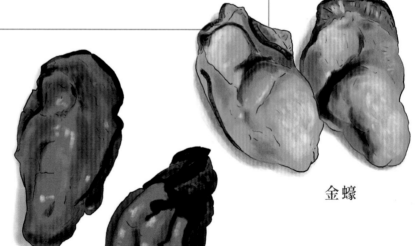

金蠔

蠔豉

[功效]

· 下火、治虛火

· 補腎壯陽

· 提鮮

· 增加風味

[揀選]

· 顏色鮮明

· 帶有光澤

· 蠔身飽滿

· 香味濃郁

[產地比較]

日本：較為闊身，邊位帶青身，肉質較肥。

韓國：較為長身，蠔身帶啡棕色，肉質實淨。

[產地規格準則]

日本：同一 size 裡面，每粒大小比較不一，這個情況去到 LL size 會更加明顯。

韓國：大小比較均勻，但整體上同一 size 比較起來，韓國的會比日本的細些少。

[處理]

蠔豉：清水浸 30 分鐘，洗淨即可用。

金蠔：

竹串金蠔：先隔水蒸 5 分鐘，趁熱把金蠔從竹簽拆出，洗淨再用廚紙印乾，即可煮用。

散裝金蠔：先洗淨，輕輕印乾，即可煮用。

菜乾紅蘿蔔蠔豉湯

Dried Bok Choy and Carrot Soup with Dried Oysters

湯水功效 ｜ 滋陰生津 清肺胃熱

↑ 難度指數 2　⏱ 1.5 小時　👥 4 人份量

材料　Ingredients

菜乾 2 両
75g dried bok choy

蠔豉 2 両
75g dried oysters

紅蘿蔔 1 條
1 carrot

南杏 1 両
38g sweet
apricot kernels

蜜棗 2 粒
2 sweet dates

陳皮 1 塊
1 dried tangerine peel

瘦肉 半斤
300g lean pork

水 2500 毫升
2500ml water

做法　Method

❶ 把菜乾洗淨，然後用水浸 15 分鐘，再用清水沖洗。
Rinse dried bok choy and soak in water for 15 mins. Rinse again to clean thoroughly.

❷ 蠔豉洗淨，用清水浸泡約 30 分鐘。
Rinse dried oysters and soak in water for 30 mins.

❸ 陳皮用水浸 10 分鐘刮瓢洗淨。
Soak dried tangerine peel for 10 mins until soft, scrape off the pith.

❹ 紅蘿蔔去皮，切件；南杏和蜜棗洗淨。
Peel carrot, cut into chunks; rinse sweet dates and apricot kernels.

❺ 瘦肉切件，放入凍水汆水，沖水洗淨。
Cut lean pork into big chunks and blanch.

❻ 所有材料連 2500 毫升開水一同大火煲滾後轉文火煲約 1.5 小時，最後放鹽調味即成。
Combine ingredients with 2500ml of water in a pot, place over high heat until it boils. Switch to medium-low heat and cook for 1.5 hours. Add salt to taste.

沙蟲乾

Dried Sipunculus Nudus

很多人會因為沙蟲的蟲字而被嚇怕，但其實沙蟲並非蟲，牠屬於海產類，生長於海灘泥沙中。營養價值甚高，煲湯亦鮮甜。

儲存方法　雪櫃

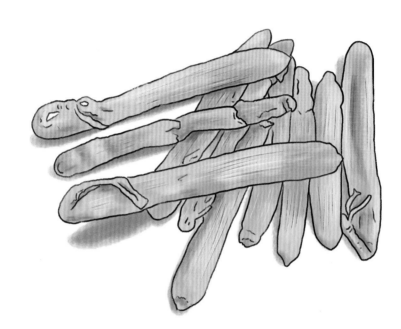

[功效]

· 補虛滋陰

· 治夜尿

· 補腎

· 治晚間睡眠抽筋

· 促進母乳

· 坐月滋補

· 抗疲勞

[揀選]

· 鮮味濃郁

· 身型粗身

[處理]

❶ 先用白鑊炒沙蟲乾約 5 分鐘令內裡幼沙鬆開，再放入清水浸 15 分鐘至軟身，打直剪開。

❷ 再洗淨即可。

⬆ 難度指數 4　　⏱ 2 小時　　👥 4 人份量

沙 蟲 象 拔 蚌 淮 山 湯
Dried Sipunculus Nudus with Geoduck Soup

湯水功效　｜　滋陰補虛　補腎健脾　止夜尿　改善尿頻

材料　Ingredients

沙蟲乾 1 兩
38g dried Sipunculus Nudus

象拔蚌 1 兩
38g dried geoduck

生曬淮山 2 兩
75g Chinese yam

製茨實 1 兩
38g processed gorgon fruits

合桃肉 1 兩半
55g walnut halves

圓肉 15 粒
15 dried longan

瘦肉 12 兩
450g lean pork

水 2500 毫升
2500ml water

做法　Method

❶ 先用白鑊炒沙蟲乾約 5 分鐘令內裡幼沙鬆開，再放入清水浸 15 分鐘至軟身，打直剪開洗淨備用。
Heat Dried Sipunculus Nudus in a pan, keep stirring for 5 mins, then soak Sipunculus Nudus in water for 15 mins until soft, cut open to clean.

❷ 象拔蚌用清水浸 1 小時備用。
Soak dried geoduck for an hour.

❸ 生曬淮山、製茨實、合桃、圓肉洗淨。
Rinse chinese yam, gorgon fruits, walnuts and longan.

❹ 瘦肉切件，放入凍水汆水，沖水洗淨。
Cut lean pork into big chunks and blanch.

❺ 所有材料連 2500 毫升開水一同大火煲滾後轉文火煲約 2 小時，最後加少許鹽調味，即成。
Combine ingredients with 2500ml of water in a pot, place over high heat until it boils. Switch to medium-low heat and cook for 2 hours. Add salt to taste.

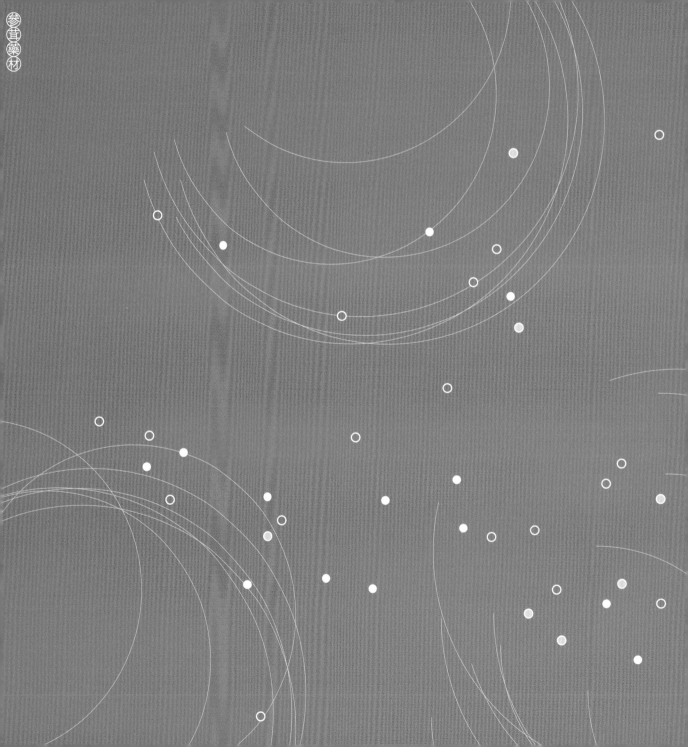

Chinese Herbs

PART 2

參茸藥材

燕窩

Bird Nest

《本草綱目拾遺》記載：燕窩乃「食品之中最馴良者」，是自古以來的滋陰補品。燕窩滋潤養顏，是女士們的抗衰老恩物。

儲存方法 乾爽陰涼地方

[功效]

- 促進細胞再生
- 養肺化痰
- 滋陰養顏
- 調理虛損
- 增強細胞免疫能力

[主要分類]

洞燕

· 取於岩洞,礦物含量豐富,洞燕窩顏色偏黃,發頭大,而且口感較為清爽。

屋燕

· 取於燕屋,質量穩定而且較為乾淨。顏色較白,雜質少,口感較為腍滑。受火能力較洞燕低,一般燉 30 至 45 分鐘即可。

· 另外,市面亦有其他加工產品如燕餅、燕條等,可根據個人喜好挑選大小形狀,以乾淨、底座細、少雜毛為佳,減少揀毛時間。

[處理]

工具:小鉗子

❶ 先將燕窩用清水浸泡 3-8 小時(視乎不同品種而定),水量要充足,能完全蓋過燕窩。

❷ 用小鉗子把雜質幼毛挑走。

❸ 用密篩隔水,把燕窩撕開,沖洗乾淨即可。

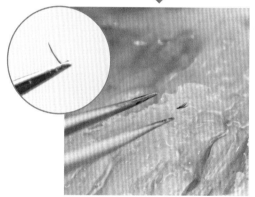

Double - boiled Bird Nest with Milk

燕窩紅棗燉鮮奶

湯水功效 │ 養顏嫩膚 修復受損細胞 強肺滋潤

材料 Ingredients

燕窩 20 克 約 2 - 3 盞
20g bird nest (2-3pcs)

紅棗 3 粒
3 red dates

牛奶 400 毫升
400ml milk

冰糖 適量
rock sugar (to taste)

水 400 毫升
400ml water

做法　Method

① 燕窩清水浸泡約 6 小時至軟身，檢查及去除雜質。
Soak bird nest for 6 hours. Check and remove impurities if any.

② 紅棗洗淨，開邊去核。
Rinse red dates and cut into halves, remove the seeds.

③ 將燕窩、紅棗及 400 毫升熱水放入燉盅內，隔水燉 30 分鐘。
Put bird nest, red dates and 400ml boiling water into the container. Set to double boil for 30 mins.

④ 加入牛奶及冰糖後再燉 15 分鐘，即成。
Add milk and rock sugar and continue to double boil for another 15 mins.

⑤ 燉好的燕窩最好盡快食用，如未能即時享用，應先把燉盅取出，離開火源，打開燉盅蓋，避免因餘溫令燕窩過度受熱，影響口感。
Remove from heat when the bird nest reaches the desired texture. Residual heat from the double-boiler may result in over-cooked and watery bird nest.

冬蟲夏草 /

Cordyceps

冬蟲夏草，又稱蟲草，補虛功效強，屬名貴藥材，
所以謹記不論燉湯或焗水後都要把它吃掉。

儲存方法 雪櫃

[功效]

· 補肺益腎

· 化痰順氣

· 增強人體免疫力

· 產後、病後補虛調理。

· 提升精神

[揀選]

· 蟲草由兩部分做成：「蟲
體」及「草體」。

· 選擇蟲草應挑選完整，
有齊兩部分，而且「蟲
體」粗壯，「草體」亦不
會過長的。

· 除此之外，「蟲體」應呈
黃色，肉質潔白，聞起
來帶天然淡淡的奶香味。

難度指數 4　　3 小時　　4 人份量　　燉盅

Fish Maw and Conch Soup with Cordyceps
蟲草花膠燉響螺湯

湯水功效 | 固腎益肺　滋陰養血　補氣安神

材料　Ingredients

蟲草 2 錢
8g cordyceps

花膠 1 両
38g fish maw

響螺 1 両半
55g dried conch

圓肉 10 粒
10 dried longan

杞子 3 錢
12g goji berries

陳皮 1 塊
1 tangerine peel

瘦肉 5 両
200g lean pork

水 1800 毫升
1800ml water

做法　Method

❶ 花膠預先浸發好。(參考前頁 P.26)
Have fish maw prepared beforehand. (Please refer to P.26 for instruction)

❷ 響螺用水浸 3 小時，汆水後剪成小塊。
Soak dried conch for 3 hours, blanch and cut into small pieces.

❸ 冬蟲夏草用清水浸 5 分鐘，洗淨備用；圓肉和杞子洗淨。
Soak cordyceps for 5 mins, rinse to clean. Also rinse goji berries and longan.

❹ 陳皮用水浸 10 分鐘刮瓤洗淨。
Soak tangerine peel for 10 mins until soft, scrape off the pith.

❺ 瘦肉切件，放入凍水汆水，沖水洗淨。
Cut lean pork into chunks and blanch.

❻ 除杞子外，所有材料連 1800 毫升開水一同大火煲滾後放入燉盅，燉 3 小時。
Combine ingredients (except goji berries) with 1800ml water in a pot, place over high heat until it boils vigorously. Transfer to a double boiler and slow cook for 3 hours.

❼ 加入杞子，再燉 10 分鐘，最後加少許鹽調味，即成。
Add goji berries and cook for another 10 mins. Add salt to taste.

鹿筋

Deer Tendon

鹿科動物如梅花鹿或馬鹿的足部筋肉，
除了用來煲湯，亦可以用來做菜式，
常見於冬令湯品或燉品。膠質豐富，
有極高營養價值，而且口感不錯。

儲存方法　乾爽陰涼地方

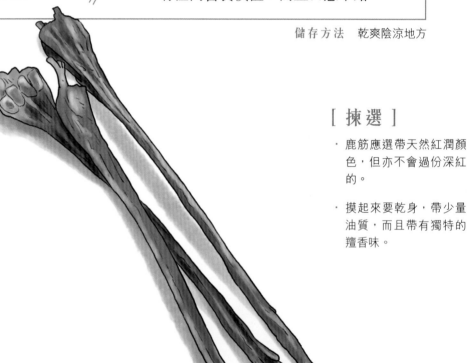

[揀選]

· 鹿筋應選帶天然紅潤顏
色，但亦不會過份深紅
的。

· 摸起來要乾身，帶少量
油質，而且帶有獨特的
羶香味。

[功效]

· 強健筋骨

· 補腎壯陽

· 改善關節痛

· 預防骨質疏鬆及
軟骨磨蝕

· 適用於撞傷扭傷、手腳
乏力、腰膝痠軟等筋骨
問題。

[處理]

冷水浸泡一天後，把鹿筋
放入已加入薑片和紹酒的
沸水中，滾 20 分鐘後熄
火，焗至水凍為止。

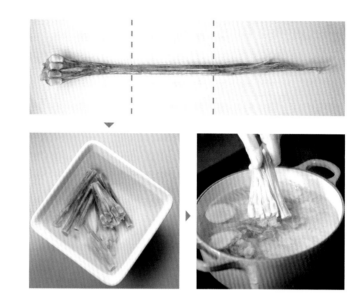

[區分]

	鹿筋	牛筋	豬腳筋
外形	有 4 隻蹄甲， 而且蹄甲大小相若。	外型長而粗，整支或會有分叉， 而且中間的蹄腳特別大。	豬腳筋沒有連蹄甲的。 短小，淺啡色。
特性	帶獨特的檀香味	顏色偏紅	油分重

Deer Tendon Herbal Soup

鹿筋巴戟杜仲湯

湯水功效 | 補腰骨 祛風濕 紓緩關節痛楚

材料 Ingredients

鹿筋 3 両
110g deer tendon

杜仲 1 両半
55g Eucommia

巴戟 2 両
75g Medicinal
Morinda Root

牛大力 1 両半
55g Radix Millettiae
Speciosae

黑豆 2 両
75g black bean

圓肉 15 粒
15 dried longan

蜜棗 2 粒
2 sweet dates

豬尾 1 條 (切件)
1 pork tail

水 3000 毫升
3000ml water

↑ 難度指數 4　　⏱ 3 小時　　👥 4 人份量

做法　Method

① 鹿筋先用清水浸 1 天，再用滾水加薑片和紹酒，放入鹿筋中火煲 20 分鐘，熄火焗至水凍（約 6 - 8 小時），取出洗淨即可使用。

Soak deer tendon for 1 day. Blanch deer tendon with ginger slices and chinese wine for 20 mins. Remove from heat but keep the lid on and leave for 6 - 8 hours until the water returns to room temperature. Rinse to clean.

② 黑豆用白鑊慢慢炒至黑豆皮微微裂開，盛起放涼備用。

Fry black bean on a pan under medium-low heat until the skin starts to crack. Set aside to cool.

③ 杜仲、巴戟、牛大力、蜜棗和圓肉全部洗淨略浸。杜仲剪成小塊，巴戟除掉中間的芯，只用巴戟肉。

Rinse and soak eucommia, medicinal morinda root, radix millettiae speciosae, sweet dates and longan. Cut eucommia into small pieces. Remove woody stem from medicinal morinda roots.

④ 豬尾放入凍水汆水後沖水洗淨。

Blanch pork tail.

⑤ 所有材料連 3000 毫升清水放入煲中浸 30 分鐘，然後才開火煲。大火滾起後，轉文火煲約 3 小時，最後加少許鹽調味，即成。

Combine ingredients with 3000ml of water in a pot and first leave for 30 mins. Then place over high heat until it boils. Switch to medium-low heat and cook for 3 hours. Add salt to taste.

參是補氣血的滋補藥材，能增強體力和免疫力；不過由於性味不同，功效各異，選用前最好諮詢醫師。其中，「太子參」又稱「孩兒參」，相比下較為溫和，小孩亦可服用，因而得名。

類別	花旗參	太子參
產地	美國、加拿大	中國貴州、福建等地區
主要功效	·滋陰補氣　·清熱降火 ·抗疲勞	·益氣生津　·補充精神 ·改善食慾不振、小朋友冷汗多
儲存方法	雪櫃	乾爽陰涼地方
註釋	花旗參具兩種功效： ·用來泡茶、焗水，可生津降火。 ·用於 2 小時以上湯水，則補氣滋陰。	太子參屬性平和，不易上火，連小孩亦適用，因此又稱為「孩兒參」。 適合於平常養生，生津潤肺，多汗易疲累體質。

高麗參、石柱參盒裝支數參考

	1斤	半斤	4両	2両	1両
10 支裝	10 - 14	7			
15 支裝	15 - 19	10			
20 支裝	20 - 28	14	7		
30 支裝	30 - 38	19	10	5	
40 支裝	40 - 48	24	12	6	3
50 支裝	50 - 58	29	15	7	4
60 支裝	60 - 69	34	17	8	
70 支裝	70 - 78	39	20	10	
小支裝	79 - 100	40 - 50	21 - 25	11 -13	

＊凡是參類都有
補益功效，所
以感冒發燒者
不宜。

高麗參	石柱參	長白山人參
南韓、北韓	中國吉林	中國長白山
·大補元氣　·輕身抗氧化 ·增強記憶力	·溫和補益　·修復勞傷虛損	·大補元氣　·寧神益氣 ·加強機能　·改善氣虛血虛體質
雪櫃	雪櫃	乾爽陰涼地方

高麗參、石柱參，長白山人參都是「人參」，但產地及製法有所不同。

高麗參和石柱參都經過蒸製程序，屬於「紅參」；而長白山人參不經蒸製，屬於「白參」。

紅參溫補性強，白參則較平溫，應按需要而選擇服用。

↑ 難度指數 3　　⏱ 2 小時　　👥 4 人份量

Black Chicken Soup with American Ginseng and Shihu

花旗參石斛杞子煲烏雞

湯水功效 │ 滋陰清熱　補肝明目　抗疲勞　安神助眠

材料 Ingredients

石斛 半両
20g Shihu

花旗參 1両
38g American ginseng

杞子 20 克
20g goji berries

圓肉 15 粒
15 dried longan

響螺 2両
75g dried conch

烏雞 1 隻
1 black chicken

水 2500 毫升
2500ml water

做法 Method

① 石斛、花旗參、圓肉和杞子沖洗乾淨。
Rinse shihu, American ginseng, longan and goji berries.

② 響螺用水浸 3 小時，汆水後剪塊。
Soak dried conch for 3 hours, blanch and cut into pieces.

③ 烏雞洗淨後切走頸位和尾部，除去內臟，切開 4 份，汆水後沖洗乾淨。
Clean black chicken, removing its neck, tail, and all organs. Cut into 4 pieces and blanch.

④ 除杞子外，把所有材料連 2500 毫升開水一同大火煲滾後轉文火煲約 2 小時。
Combine ingredients (except goji berries) with 2500ml of water in a pot, place over high heat until it boils. Switch to medium-low heat and cook for 2 hours.

⑤ 加入杞子，再煲 10 分鐘，最後加少許鹽調味，即成。
Add goji berries and cook for another 10 mins. Add salt to taste.

⬆ 難度指數 2　⏱ 3.5 小時　👪 4 人份量　🍲 燉盅

Chicken Soup with Korean Ginseng and Deer Antler Velvet

高麗參鹿茸烏雞湯

湯水功效 ｜ 大補氣血　養心　強筋益髓　增強抵抗力　產後調理體質

材料　Ingredients

鹿茸　3 錢
12g deer antler velvet

高麗參　4 錢
15g korean ginseng

元貝　6 粒
6 dried scallops

圓肉　15 粒
15 dried longan

杞子　20 克
20g goji berries

烏雞　1 隻
1 black chicken

水　1800 毫升
1800ml water

做法　Method

❶ 鹿茸、高麗參、元貝、圓肉、杞子略浸洗乾淨，瀝水備用。
Rinse all dried ingredients and drain.

❷ 烏雞洗淨後切走頸位和尾部，除去內臟，切開 4 份，汆水後沖洗乾淨。
Clean black chicken, removing its neck, tail, and all organs. Cut into 4 pieces and blanch.

❸ 除杞子外，所有材料連 1800 毫升開水一同大火煲滾後，放入燉盅燉 3.5 小時。
Combine ingredients (except goji berries) with 1800ml water in a pot, place over high heat until it boils vigorously. Transfer to a double boiler and slow cook for 3.5 hours.

❹ 加入杞子再燉 15 分鐘，最後加少許鹽調味即成。
Add goji berries and cook for another 15 mins. Add salt to taste.

雪梨太子參鴨腎湯
Tai Zi Shen with Snow Pear Soup

湯水功效 | 生津潤燥　潤肺潤膚　滋陰養氣

材料 Ingredients

太子參 1 兩
38g Tai Zi Shen

海竹頭 1 兩
38g polygonatum roots

百合 1 兩
38g dried lily bulbs

南杏 1 兩
38g sweet apricot kernels

無花果 6 粒
6 dried figs

鴨腎 2 個
2 preserved duck gizzards

雪梨 3 個
3 snow pears

陳皮 1 片
1 tangerine peel

瘦肉 半斤
300g lean pork

水 3000 毫升
3000ml water

做法 Method

❶ 百合和太子參用水浸 30 分鐘；無花果洗淨剪開一半。
Soak lily bulbs and tai zi shen for 30 mins; rinse figs and cut into halves.

❷ 陳皮用水浸 10 分鐘，刮瓤洗淨。
Soak tangerine peel for 10 mins until soft, scrape off the pith.

❸ 南杏洗淨；海竹頭洗淨切片。
Rinse sweet apricot kernels and polygonatum roots. Cut polygonatum roots into slices.

❹ 雪梨去芯切件，保留梨皮。
Core snow pears and cut into pieces.

❺ 鴨腎放入滾水灼 3 分鐘，盛起剪開一半。
Blanch preserved duck gizzards for 3 mins and cut into halves.

❻ 瘦肉切件，放入凍水汆水，沖水洗淨。
Cut lean pork into chunks and blanch.

❼ 所有材料連 3000 毫升開水一同大火煲滾後轉文火煲約 2 小時，最後放鹽調味即成。
Combine all ingredients with 3000ml of water in a pot, place over high heat until it boils. Switch to medium-low heat and cook for 2 hours. Add salt to taste.

注意：鴨腎本身帶有鹹味，可先試味才放鹽調味。

陳 皮
Tangerine Peel

陳皮由橘子成熟後的果皮曬乾或烘乾所得，放置年份愈久愈好。有曰：「一兩陳皮一兩金，百年陳皮勝黃金」，說明了陳皮愈老，藥用價值及身價愈高。

儲存方法　乾爽陰涼地方

[功效]

· 理氣健脾

· 燥濕化痰

· 消滯

· 消炎

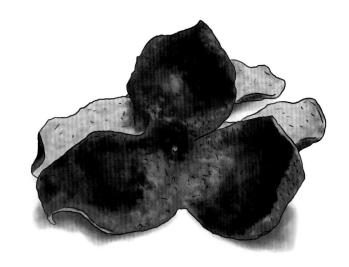

[年份比較圖]

| 3 年 | 5 年 | 8 年 | 10 年 | 30 年 |

↑ 難度指數 3　　⏱ 3 小時＋　　👥 4 人份量　　🍚 電飯煲

陳皮冰糖燉檸檬
Rock Sugar Stewed Lemon with Tangerine Peel

功效 │ 生津止渴　利氣潤燥　止咳化痰

材料 Ingredients

檸檬 4 個
4 lemons

陳皮 2 片
2 dried tangerine peel

冰糖 400 克
400g rock sugar

做法 Method

❶ 先把檸檬用鹽水浸洗 30 分鐘，然後盛起抹乾水份備用。
Soak lemons in salted water for 30 mins, wipe dry.

❷ 將檸檬切去頭尾，去走中間白芯和去核，再切成小片。
Cut lemon into thin slices, removing its core and seeds.

❸ 陳皮用水浸 10 分鐘至軟身，刮瓢洗淨，切成幼絲，備用。
Soak tangerine peel for 10 mins until soft, scrape off the pith. Then cut into thin slices.

❹ 將一層檸檬一層冰糖放入電飯煲內膽。
Place a layer of lemon slices at the bottom of the rice cooker, top with a layer of rock sugar. Continue the process to form a few lemon/rock sugar layers.

❺ 在最上層平均放上陳皮絲。
Place tangerine peels on top.

❻ 選擇電飯煲「煲粥」功能，煮 3 小時，再維持保溫 8 小時。
Set the rice cooker to 'Congee' programme. Cook for 3 hours, and then keep warm for 8 hours.

❼ 製成後將陳皮冰糖燉檸檬放入已消毒的玻璃容器，冷卻後放入雪櫃存放，存放期大約 1 個月。
Store lemon syrup in sanitized glass containers. Keep in the fridge.

❽ 食用時可取一湯匙陳皮冰糖燉檸檬，加入適量的溫水拌勻即可飲用。
Dilute 1 tablespoon of lemon syrup in warm water to enjoy a soothing drink.

北芪

Bei Qi

北芪又名黃芪、黃耆，因主要產自北方地區而得名。其藥用價值高，適合一些身體虛弱人士補虛保健。

儲存方法　乾爽陰涼地方

[功效]

· 行氣補虛

· 升陽固表

· 提神利水

· 增強抵抗力

[處理]

清水洗淨略浸即可

[揀選]

· 主要分成兩大品種：產自蒙古的「黃芪」和產自甘肅的「黑淦芪」。

· 「黑淦芪」的品質功效最佳。表面較「鞋身」，香味濃郁，行氣功效最強。

· 「黃芪」較闊身，表面平滑，價錢是約黑淦芪的三分一。

黨參
Codonopsis Root

黨參跟北芪是最佳拍檔，二者加在一起效用相得益彰。黨參補血功效強，長時間於室內辦公室工作導致的手腳冰冷，可用黨參焗水改善。

儲存方法　雪櫃

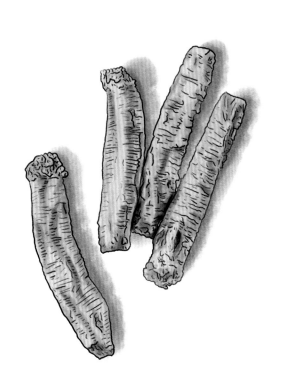

[功效]

· 補氣血

· 促進血液循環

· 改善手腳冰冷

· 改善肺虛、強肺。

[處理]

❶ 用清水泡至軟身

❷ 用牙刷清潔黨參頭部，
　去除雜質。

❸ 斜切成片令成份及甜味
　容易釋出

[揀選]

· 黨參從泥土挖出，未經修剪時可長如手臂，頭部如獅子頭狀，尾部如人參般長長的。黨參最有效的是最粗壯的黨身部分，所以挑選黨參時可揀已修剪頭部，而且不會太長的。

· 產自中國甘肅省品質為佳

· 粗壯，質地帶軟身，味道香甜，紋路清晰明顯，彎起來軟身，不易折斷為佳。

黨參北芪栗子湯

Chestnut Soup with Codonopsis Roots and Bei Qi

湯水功效 | 防寒暖身　改善手腳冰冷　健脾補腎　補氣血

⬆ 難度指數 2　　⏱ 2 小時　　👥 4 人份量

材料　Ingredients

黨參　1 兩
38g Codonopsis
roots

北芪　20 克
20g Bei Qi

生曬淮山　1 兩
38g Chinese yam

杞子 1 兩
38g goji berries

栗子　1 磅
1lb chestnuts

粟米　2 條 (切段)
2 sweetcorns

茨實　1 兩
38g gorgon fruit

水 2500 毫升
2500ml water

做法　Method

❶ 黨參用清水浸泡至軟身，斜切成小段。
Soak Codonopsis roots until soft, slice diagonally.

❷ 栗子用熱水灼 3 分鐘，撈起用濕布包著，容易去皮。
Blanch chestnut for 3 mins, wrap them in a wet towel for easy peeling.

❸ 杞子和淮山洗淨，茨實和北芪用水浸 10 分鐘。
Rinse goji berries and Chinese yam; soak gorgon fruits and bei qi for 10 mins.

❹ 除杞子外，把所有材料連 2500 毫升開水一同大火煲滾後轉文火煲約 2 小時。
Combine ingredients (except goji berries) with 2500ml of water in a pot, place over high heat until it boils. Switch to medium-low heat and cook for 2 hours.

❺ 加入杞子，再煲 10 分鐘，最後加少許鹽調味，即成。
Add goji berries and cook for another 10 mins. Add salt to taste.

巴戟

Medicinal Morinda

藤本植物巴戟天的根，是壯腰強腎的藥用植物。口乾舌燥、陰虛火旺及濕熱者不宜。

儲存方法 乾爽陰涼地方

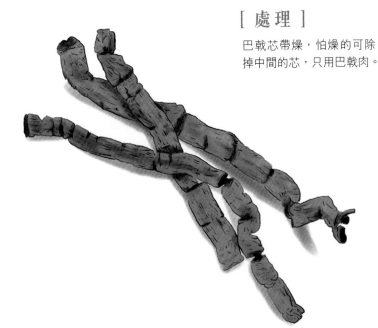

[處理]

巴戟芯帶燥，怕燥的可除掉中間的芯，只用巴戟肉。

[功效]

- 強筋骨
- 祛風濕
- 治腰足痿痛
- 補腎壯陽

[揀選]

- 粗身肉厚

杜仲

Eucommia

杜仲也是滋補植物藥材,是杜仲樹的乾燥樹皮,也補益肝腎。以杜仲製成的保健食品於日本和台灣非常盛行,於香港則不算常見。

儲存方法　乾爽陰涼地方

[功效]

· 強筋骨

· 穩定及降低血壓

· 安胎

· 增強體質

· 保護肝臟補腎

[揀選]

· 厚身,拉開濃密而不易斷。

· 有效成份來自於它的膠質,品質好的杜仲不易斷開,撳開會有濃密的拉絲。

[處理]

清水沖洗後,換清水浸泡半小時,剪開。

牛大力

Radix Millettiae Speciosae

名字和別名 (大力薯、山蓮藕、倒吊金鐘) 都十分
有霸氣，但其實它的植物學名為「美麗崖豆藤」，
有種反差萌。跟巴戟杜仲都有補腰壯腎之效。

儲存方法　乾爽陰涼地方

[功效]

· 活絡強筋

· 除濕氣

· 祛風濕

· 補虛潤肺

↑ 難度指數 3　　⏱ 3 小時　　👥 4 人份量

Medicinal Morinda Root and Eucommia Soup

巴戟杜仲牛大力湯

湯水功效 ｜ 治腰骨痛 紓緩風濕發作 強筋健絡

材料 Ingredients

巴戟 2 両
75g Medicinal Morinda Root

杜仲 1 両
38g Eucommia

牛大力 1 両
38g Radix Millettiae Speciosae

田七 半両
20g Notoginseng

黑豆 2 両
75g black bean

蜜棗 3 粒
3 sweet dates

豬尾 1 條（切件）
1 pork tail

水 3000 毫升
3000ml water

做法 Method

❶ 巴戟除掉中間的芯，只用巴戟肉。
Remove woody stem from Medicinal Morinda Root.

❷ 黑豆用白鑊慢慢炒至黑豆皮微微裂開，盛起放涼備用。
Fry black bean on a pan under medium-low heat until the skin starts to crack. Set aside to cool.

❸ 杜仲用清水浸 30 分鐘，剪開；牛大力、田七和蜜棗洗淨。
Soak Eucommia for 30 mins, cut into pieces; rinse Radix Millettiae Speciosae, Notoginseng and sweet dates.

❹ 豬尾放入凍水汆水後沖水洗淨。
Blanch pork tail, rinse to clean.

❺ 所有材料連 3000 毫升清水放入煲內浸 30 分鐘，才開火開始煲。大火滾起後，轉文火煲約 3 小時，最後加少許鹽調味，即成。
Combine ingredients with 3000ml of water in a pot and first leave for 30 mins. Then place over high heat until it boils. Switch to medium-low heat and cook for 3 hours. Add salt to taste.

當 歸
Dang Gui

當歸是傘形科植物，有補血養血、補虛、祛斑等效，是女性補血調經之物，有「藥王」、「聖藥」美譽。當歸香氣濃郁，煲魚湯時放入兩片，更可提升湯的層次。

儲存方法　雪櫃

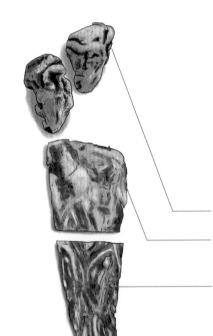

[揀選]

· 一般買到的都是當歸頭，挑選愈大的功效愈好。

· 當歸頭：補血功效最強

· 當歸身：同樣補血，但較當歸頭溫和。

· 當歸尾：活血散瘀

[功效]

· 補血活血

· 調經

· 止痛鎮痛

[處理]

洗淨，隔水蒸 30 分鐘後即可切片用。（或可於購買時請商家幫忙切片）

Dang Gui with Motherwort Drink

益母草紅棗當歸茶

湯水功效 | 補血調經 活血化瘀 緩解經痛

材料 Ingredients

當歸 20 克（切片）
20g dang gui slices

紅棗 5 粒
5 red dates

紅糖 20 克
20g brown sugar

益母草 15 克
15g motherwort

水 1000 毫升
1000ml water

做法 Method

❶ 先把紅棗去核切片；益母草和當歸洗淨。
Cut red dates into halves and remove the seeds; rinse motherwort and dang gui.

❷ 所有材料放入 1000 毫升滾水，大火滾起後，轉文火煲約 30 分鐘，即成。
Place all ingredients into 1000ml of boiling water and cook for 30 mins under medium heat.

靈芝 / 靈芝是菌類，有固本培元之功效，過往一直給人感覺是很名貴的藥材，但其實現今培植技術成熟，已經成為大眾都負擔得起的保健養生食品。

Ling Zhi

儲存方法　乾爽陰涼地方

[功效]

· 防癌保健

· 增強人體免疫力

· 保肝護肝

· 安神

[揀選]

· 大個、完整

· 底部有絨毛質感

· 表面顏色均勻，帶天然光澤。

＊原個靈芝回家比較難處理，購買靈芝時可請店舖幫忙切片。

Ling Zhi with Black Chicken Soup

靈芝茯神烏雞湯

湯水功效 | **防癌保健　增強人體免疫力　寧神安眠**

材料　Ingredients

靈芝 2 両
75g ling zhi

茯神 2 両
75g poria with
hostwood

淮山 1 両
38g Chinese yam

紅棗 4 粒
4 red dates

圓肉 15 粒
15 dried longan

杞子 5 錢
20g goji berries

烏雞 1 隻
1 black chicken

水 3000 毫升
3000ml water

做法　Method

❶ 靈芝、茯神、淮山沖水洗淨，清水略浸約 15 分鐘。
Soak ling zhi, poria with hostwood and chinese yam for 15 mins, drain to use.

❷ 紅棗、圓肉、杞子沖水洗淨。紅棗開邊去核。
Rinse red dates, dried longans and goji berries. Cut red dates into halves and remove the seeds.

❸ 烏雞洗淨後切走頸位和尾部，除去內臟，切開 4 份，汆水後沖洗乾淨。
Clean black chicken, removing its neck, tail, and all organs. Cut into 4 pieces and blanch.

❹ 所有材料連 3000 毫升開水一同大火煲滾後轉文火煲約 2.5 小時，最後放鹽調味即成。
Combine ingredients with 3000ml of water in a pot, place over high heat until it boils. Switch to medium-low heat and cook for 2.5 hours. Add salt to taste.

雲芝

Trametes Versicolor

雲芝是一種大型珍貴藥用真菌，雖不及靈芝般被廣泛使用，但其的祛毒功效比靈芝還強，常用於抗癌食療。

儲存方法　乾爽陰涼地方

[功效]

· 防癌保健

· 調節免疫力

· 祛毒

· 修復受損細胞

[揀選]

· 層層分明

· 大朵

· 雜質少

[處理]

❶ 雲芝先用清水浸泡 30
分鐘，泡軟後才容易
清洗。

❷ 層與層之間有可能藏
有污泥或青苔等等，
可以用刷子洗刷乾淨。

❸ 最後用剪刀剪掉底部
的木頭或泥頭即可。

Trametes Versicolor Herbal Drink

雲芝茶

湯水功效 ｜ 增強抵抗力　補肝排毒　防癌

↑ 難度指數 3　　⏱ 1.5 小時　　👥 4 人份量

材料　Ingredients

雲芝 3 両
110g Trametes
versicolor

黑豆 2 両
75g black bean

南棗 10 粒
10 black dates

薑 2 片
2 slices of ginger

水 2000 毫升
2000ml water

做法　Method

❶ 雲芝用水浸 30 分鐘，剪開洗淨。
Soak Trametes versicolor for 30 mins, check in between its layers and clean well.

❷ 南棗和黑豆分別用水浸 15 分鐘，瀝水備用。
Soak black beans and black dates for 15 mins, drain.

❸ 所有材料連 2000 毫升 清水放入煲內先放 30 分鐘，才開火開始煲。大火滾起後，轉文火煲約 1.5 小時，即成。
Combine ingredients with 2000ml of water in a pot and first leave for 30 mins. Then place over high heat until it boils. Switch to medium-low heat and cook for 1.5 hours.

田七

Notoginseng
(Tian Qi)

田七又名三七（一種植物），既可外敷又可內服。著名跌打藥「雲南白藥」的主要成份就是它。內服生田七活血化瘀，熟田七補血；更可搭配不同藥材使用。

儲存方法　乾爽陰涼地方

生田七
較涼，但降血壓功效較明顯。

製田七
較溫和，如低血壓人士需要服用田七便應選用製田七，不然會引致頭暈。

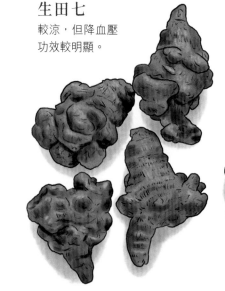

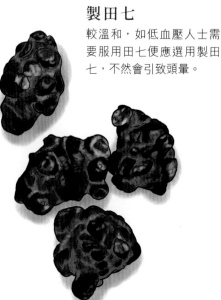

[功效]

· 降血壓

· 通血管

· 活血散瘀

[揀選]

· 個頭大

· 飽滿

· 粒頭多

丹參

Red Sage Root
（Dan Shan）

心血管疾病是老人殺手，丹參和田七都是血管清道夫，與花旗參合稱「老人三寶」、「吉祥三寶」。丹參雖不及其他「參」有名，但它是心臟的守護者。

儲存方法 乾爽陰涼地方

[功效]

· 護心活血

· 止痛

· 調經疏肝

· 清心安神

· 降血脂

[揀選]

· 粗身

· 外皮帶暗紅，不要太黑的。

石斛 / Shihu

石斛是一種蘭花的莖部,曬乾後扭捲而成。它經常與田七、丹參及花旗參一起磨成四寶粉,有遠離三高(高血壓、血脂及血糖)之效。

儲存方法　乾爽陰涼地方

[功效]

· 清肝熱

· 生津養陰

· 明目

· 紓緩眼乾眼澀,用神過多。

[揀選]

· 飽滿

· 膠質豐富

· 少渣

· 石斛最有效的成份來自它的膠質,品質好的石斛食起來會愈食愈令口腔充滿膠質,而且沒有渣。

養 生 四 寶 粉

功效 | 降三高 活血、行血氣 益氣提神 增強免疫力

材料 Ingredients

石斛 2 両
75g Shihu

丹參 2 両
75g Dan Shan

田七 4 両
150g Tian Qi

花旗參 4 両
150g American
ginseng

打粉機

做法 Method

❶ 把所有材料打成粉（可請店舖代勞）。
Grind all ingredients and mix well.

❷ 每次取半湯匙份量，用熱水沖調，即可飲用。
To use: take half teaspoonful and mix well in hot
water to enjoy.

* 田七如果不打粉，購買田七時可請店舖幫忙切片，方便
用於其他湯品上。 *If not to grind Tian Qi, better to have
them cut into slices when purchase so that it is easier to
be used in soups.

川貝

Sichuan Fritillary Bulb
(Chuan bei)

川貝是百合科植物如川貝母、暗紫貝等的乾燥鱗莖,用於清熱化痰止咳。現代人生活繁忙,可把川貝打成粉,直接加入湯品或加蜜糖水服用。

儲存方法　雪櫃

[功效]

· 化痰止咳

· 平喘

· 清熱潤燥

[揀選]

· 川貝愈細粒愈靚,細粒為「珍珠貝」,大粒為「川貝母」。

· 顏色天然,不會過白。

· 「懷中抱月」形的川貝為上品

Chuanbei and Cordyceps Flowers Soup with Dried Crocodile Meat

鱷魚肉川貝蟲草花湯

湯水功效 │ 加強肺部和氣管功能　止咳化痰　增強免疫力　潤肺正氣

材料　Ingredients

鱷魚肉 2 兩
75g dried
crocodile meat

川貝 半兩
20g Chuan bei

蟲草花 1 兩
38g cordyceps flowers

陳皮 1 片
1 tangerine peel

百合 1 兩
38g dried lily bulbs

圓肉 15 粒
15 dried longan

杞子 半兩
20g goji berries

瘦肉 半斤
300g lean pork

水 3000 毫升
3000ml water

做法　Method

① 川貝、百合、鱷魚肉各浸一小時，洗淨。
Soak chuan bei, dried lily bulbs and dried crocodile meat for an hour. Rinse to clean.

② 陳皮用水浸 10 分鐘，刮瓤洗淨。
Soak tangerine peel for 10 mins until soft, scrape off the pith.

③ 蟲草花、圓肉、杞子沖水洗淨。
Rinse cordyceps flowers, dried longan and goji berries.

④ 瘦肉切件，放入凍水汆水，沖水洗淨。
Cut lean pork into big chunks and blanch.

⑤ 除杞子外，把所有材料連 3000 毫升開水一同大火煲滾後轉文火煲約 2 小時。
Combine ingredients (except goji berries) with 3000ml of water in a pot, place over high heat until it boils. Switch to medium-low heat and cook for 2 hours.

⑥ 加入杞子，再煲 10 分鐘，最後加少許鹽調味，即成。
Add goji berries and cook for another 10 mins. Add salt to taste.

蛤蚧

Dried Gecko

蛤蚧樣子雖醜，但牠是氣管弱、哮喘人士的救星啊！治療慢性肺部疾病，定喘止咳，就有勞牠們了。牠與前頁介紹的川貝也是好拍檔。

儲存方法　乾爽陰涼地方

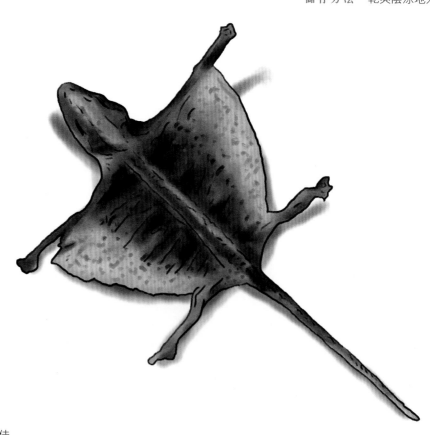

[功效]

· 止咳平喘

· 加強支氣管功能

· 補腎壯陽

· 治陽痿

[揀選]

· 大隻

· 完整

· 尾巴粗壯

· 產於中國梧州品質最佳

難度指數 4　　2 小時　　4 人份量

蛤蚧川貝鱷魚肉湯
Dried Gecko soup

湯水功效 │ 止咳化痰　紓緩哮喘　加強支氣管功能

材料　Ingredients

蛤蚧 1 對
1 pair dried gecko

川貝 3 錢
12g Chuan bei

鱷魚肉 1 両
38g dried crocodile meat

南杏 3 錢
12g sweet apricot kernel

百合 半両
20g dried lily bulbs

陳皮 1 片
1 tangerine peel

圓肉 15 粒
15 dried longan

瘦肉 半斤
300g lean pork

水 2500 毫升
2500ml water

做法　Method

❶ 蛤蚧先取去竹枝，剪掉頭部和爪子，放入熱水焯 1 分鐘，取出洗淨備用。
Remove sticks attached to the dried geckos and cut off their heads and claws. Blanch for 1 mins. Drain.

❷ 鱷魚肉浸 1 小時至軟身，汆水備用。
Soak dried crocodile meat for an hour till soft, blanch.

❸ 川貝、南杏、百合洗淨略浸約 30 分鐘。
Soak chuan bei, apricot kernels and lily bulbs for 30 mins.

❹ 陳皮浸 10 分鐘刮瓢洗淨；圓肉沖水洗淨。
Soak tangerine peel for 10 mins until soft, scrape off the pith; rinse dried longan.

❺ 瘦肉切件，放入凍水汆水，沖水洗淨。
Cut lean pork into chunks and blanch.

❻ 所有材料連 2500 毫升開水一同大火煲滾後轉文火煲約 2 小時，最後放鹽調味即成。
Combine ingredients with 2500ml of water in a pot, place over high heat until it boils. Switch to medium-low heat and cook for 2 hours. Add salt to taste.

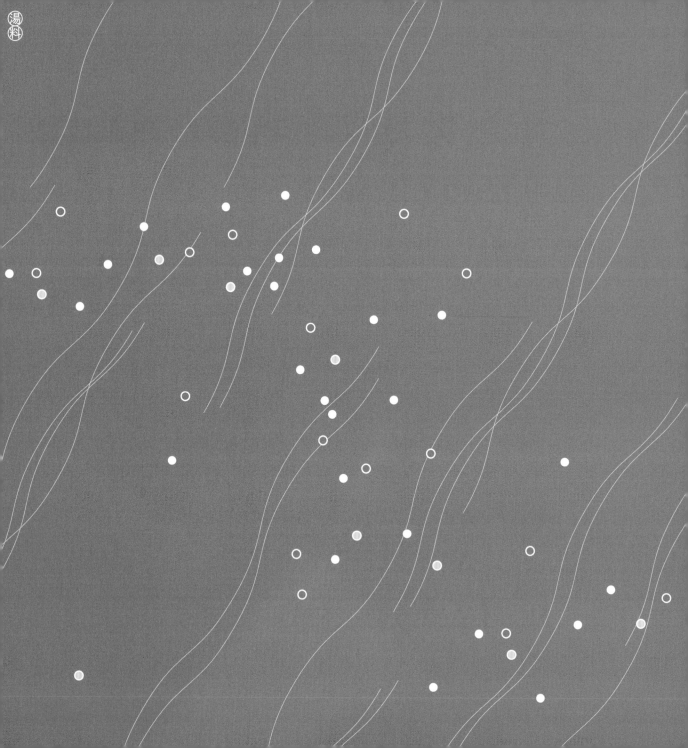

湯料

PART 3

Soup Essentials

蓮子

Lotus Seed

蓮子清甜，蓮子芯（蓮子中間青綠色的胚）則非常苦澀。但所謂苦口良藥，蓮子芯其實有清熱降壓的藥效，但孕婦忌服。

儲存方法　雪櫃

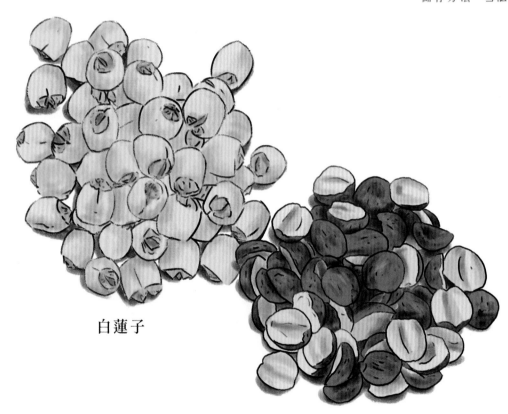

白蓮子

湘蓮（紅蓮子）

[功效]

· 寧神安眠

· 滋養、補虛損

· 對脾胃、心腎有固本培元的作用

[處理]

用凍水浸泡會令蓮子結實不易粉，使用前用熱水浸泡 5 分鐘即可。

[分類]

白蓮：最優質的蓮子，肉質粉糯而且香味最濃，煲湯燉品皆可。白蓮子內的棉子糖成份最高，棉子糖除了是蓮子香濃清甜的來源外，亦可加強人體吸收系統，令其他營養更易被吸收。

湘蓮（紅蓮子）：價錢較平，口感較白蓮遜色，適用於一般煲湯。

[揀選]

白蓮子：乾爽飽滿，帶有天然光澤感，聞落有濃郁的蓮蓉香味。

紅蓮子：外皮淡紅，肉質淺白為之新鮮。市面上亦有已磨皮的白色湘蓮子，但不會有白蓮子的天然光澤感。

注：很多人都怕蓮子內的蓮子芯，因為味道好苦；但蓮子芯有清熱降壓的功效，所以不要掉走它！怕苦的話可把蓮子芯先挑出來，把蓮子和蓮子芯分開再使用。

百合

Lily Bulb

百合除了觀賞，也可入饌，更是藥材。百合入肺經，是潤肺強肺湯水的藥引。

儲存方法 乾爽陰涼地方

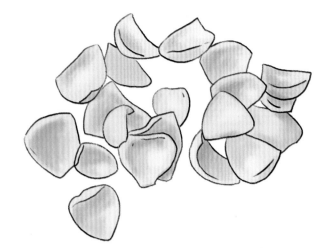

[功效]

· 歸心、肺經

· 養陰潤肺

· 清心安神

[揀選]

· 龍牙百合是品質最好的百合品種；外形：長身，兩頭尖，月彎如龍牙般。

· 百合應是淡黃色，輕微有灰黑屬正常自然顏色，不宜挑選顏色太白的，以防經硫磺熏製過。

一般百合：闊身，兩頭較圓。

龍牙百合：長身，兩頭尖，月彎如龍牙般。

茨實

Gorgon fruit

茨實是睡蓮科水生植物「芡」的種子；茨實有生、熟之分，功效頗不同，前者祛濕，後者益腎止夜尿。

儲存方法　生茨實：雪櫃　製茨實：陰涼乾爽地方

生茨實

[功效]

生茨實：利尿祛濕，適用於清補涼、冬瓜薏米等湯水。

製茨實：補腎，改善尿頻，宜用於沙蟲海參等老火湯。

製茨實

[揀選]

生茨實：白身、帶粉質，市面上有原粒及開邊兩種。

熟茨實：以鹽水蒸製過，顏色較暗沉。

淮山

Chinese Yam

淮山又稱山藥，是補虛佳品。新鮮淮山生津清潤，乾淮山則健脾補益，更適合用於湯中。

儲存方法　乾爽陰涼地方

傳統淮山

生曬淮山

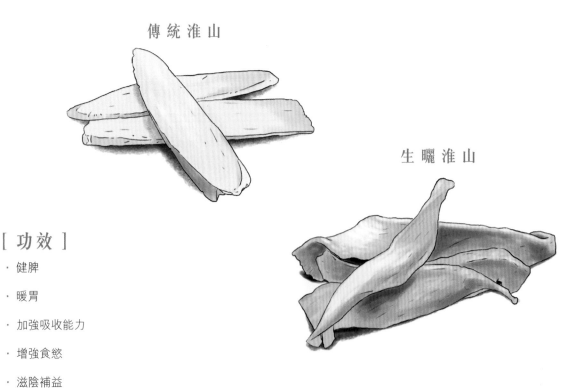

[功效]

· 健脾

· 暖胃

· 加強吸收能力

· 增強食慾

· 滋陰補益

淮山 Q & A

Q 波屎 、楚榮　　**A** 海味二代

Q1 為甚麼有時買的淮山煲湯後仍然完整而且爽口，但有時候煲起來卻會溶掉？

A1 淮山的口感主要取決在於它的產地。淮山主要來自兩個產地：河南和廣西。

河南淮山最地道，功效和品質最好，煲出來爽口而不易煮爛；反之廣西淮山煮起來是薯仔質地，容易化開溶掉，而且沒有口感。

Q2 為甚麼有淮山的湯會有酸味？

A2 傳統做法，白色直身的淮山是使用硫磺加工使其得以保存，所以煲湯前應先充分浸泡而且汆水，確保硫磺已經完全釋出，否則會令湯水變酸。

生曬河南淮山應呈淡黃色，微彎不會太直板，輕身，紋路明顯，煲出來的湯會較清香。

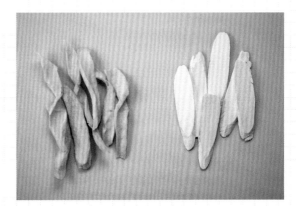

生曬淮山　　　　　　傳統淮山

沙參
Shashen

沙參都是「參」，但它比其他參類溫和多了。它是草本植物珊瑚菜的根，大家經常煲的清補涼會用到它。

儲存方法　乾爽陰涼地方

[功效]

· 養陰潤肺

· 益胃生津

· 清肺、胃熱

[揀選]

· 淡黃色澤，不會過白，粗身整齊。

· **北沙參**：長身和較粗身。

· **南沙參**：如手指般長，多數是以扎裝；兩者功效相若。

玉竹／海竹

Yu Zhu ; Polygonatum Root

玉竹和海竹同樣有養陰潤燥，生津止渴的作用；海竹則再另有補氣，健脾補腎的功效。

儲存方法　雪櫃

[功效]

· 養陰潤燥

· 生津止渴

· 清熱，清胃火

· 紓緩口乾、皮膚乾癢
  等症狀

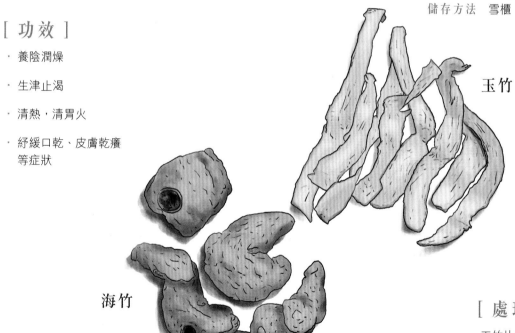

玉竹

海竹

[處理]

玉竹片多經硫磺熏製加工，需徹底浸透後才可使用。玉竹宜洗淨浸 30 分鐘以上，海竹洗淨切片即可。

Ching Bo Leung soup

清補涼

湯水功效 | 「清」熱健脾 「補」益身體 「涼」潤滋陰

↑ 難度指數2　　⏱ 2 小時　　👥 4 人份量

材料　Ingredients

蓮子 1 両
38g lotus seeds

生茨實 半両
20g gorgon fruits

沙參 1 両半
55g shashen

百合 半両
20g dried lily bulbs

海竹 1 両
38g polygonatum root

生曬淮山 1 両
38g Chinese yam

圓肉 15 粒
15 dried longan

瘦肉 半斤
300g lean pork

粟米 1 條
1 sweetcorn

合掌瓜 1 個
1 chayote

水 3000 毫升
3000ml water

做法　Method

❶ 百合和沙參洗淨略浸約 30 分鐘，蓮子用熱水浸 5 分鐘，瀝水備用。
Rinse and soak dried lily bulbs and shashen for 30 mins, soak lotus seeds in hot water for 5 mins, drain to use.

❷ 海竹頭洗淨切片；粟米和合掌瓜切塊。
Rinse polygonatum root and cut into thin slices. Cut sweetcorn and chayote into chunks.

❸ 圓肉、淮山和茨實沖水洗淨。
Rinse dried longan, Chinese yam and gorgon fruits.

❹ 瘦肉切件，放入凍水汆水，沖水洗淨。
Cut lean pork into big chunks and blanch.

❺ 所有材料連 3000 毫升開水一同大火煲滾後轉文火煲約 2 小時，最後放鹽調味即成。
Combine ingredients with 3000ml of water in a pot, place over high heat until it boils. Switch to medium-low heat and cook for 2 hours. Add salt to taste.

杞子

Goji Berry

杞子用途廣泛，不論煲湯、焗茶、甜品，甚至做菜，西式燕麥都有它的足跡；亦有藥用價值。

儲存方法　雪櫃

[功效]

· 明目

· 紓緩眼乾眼澀

· 補肝

· 降血糖

· 預防腦退化

[揀選]

· 顆粒大，乾爽，顏色自然而不太過鮮紅。

· 杞子帶有天然色素，清洗時會令水質變紅是正常現象。

· 查看杞子是否有染色，可以看看杞子椗部，如帶白色即是不經漂染。

· 有時候杞子曬乾時會黏了綠色的葉，看到綠色葉子亦是杞子沒有染色的證明。

⬆ 難度指數 1　　⏱ 10 分鐘　　👥 2 人份量　　☕ 沖茶壺

Rose Tea with Red Dates and Goji Berries

⟨⟨⟨ 玫 瑰 杞 子 紅 棗 茶 ⟩⟩⟩

湯水功效 │ 疏肝解鬱　明目補肝腎

材料　Ingredients

玫瑰花 6 克	杞子 15 克	紅棗 4 粒	熱水 750 毫升
6g dried rose buds	15g goji berries	4 red dates	750ml hot water

做法　Method

❶ 紅棗去核切片；玫瑰花和杞子沖水洗淨。
De-seed red dates and cut into slices, rinse dried rose buds and goji berries.

❷ 把所有材料洗淨，加入熱水，焗 10 分鐘即可飲用。
Put all ingredients into a teapot and add 750ml hot water. Let them infuse for 10 mins and serve.

黑杞子

Black Goji Berry

黑杞子雖然不夠杞子普及，但它的花青素含量十分豐富，比藍莓更高十倍，是目前發現自然界果實中最高的。所以其明目、氧化功效明顯。

儲存方法　雪櫃

[功效]

· 養肝明目

· 補腎益精

· 花青素含量高

· 抗氧化、抗衰老

[注意]

· 花青素會被高溫破壞，因此不宜用高於 70 度的溫水浸泡。

· 黑杞子不像杞子般香甜，所以泡黑杞子時可添加其他食材，例如杞子、檸檬、冰糖等等，增加風味。

難度指數 1　10 分鐘　1 人份量　沖茶壺

Black Goji Berry Drink

黑杞子焗水

湯水功效 ｜ 養肝明目　益精固腎　抗衰老

材料 Ingredients

黑杞子　約 20 粒
20 black goji berries

水　300 毫升
300ml water

做法 Method

❶ 把黑杞子洗淨，用大約 70 度以下的溫水浸泡約 10 分鐘，即成。

Rinse black goji berries. Steep them in under 70℃ warm water for 10 mins and serve.

❷ 可以重複沖泡 3 次左右，直至泡水至杞子變白，就不要再泡，因花青素已經完全泡出來。

Black goji berry can be steeped for several times until its colour fades, meaning its anthocyanin content is mostly released.

❸ 最後可以把黑杞子吃掉。

The berries can also be eaten after steeping.

*注意水溫不宜太高，因為黑杞子遇熱會可能破壞其營養。沖泡好後亦應盡快飲用，否則花青素容易流失。

Note: Never use boiling water for black goji berry as its anthocyanin is heat-sensitive. It is also advised to enjoy the drink as soon as it is ready to enjoy optimal benefits.

紅棗

Red Date

紅棗是棗樹的果實，可鮮食，也可製成乾果或蜜餞果脯等。它有長壽果的美譽，有稱：「每天三顆棗，百歲不顯老」。

儲存方法　雪櫃

[功效]

· 養氣補血

· 加速血液循環

· 改善血氣不足

· 改善手腳冰冷

· 暖脾胃

去核紅棗

一般是用質素較差，不新鮮的紅棗加工而成，因此價錢便宜。

貢棗

又稱和田棗，身形巨大，肉質較脆型和「泡身」，適合用於做棗夾合桃，紅棗糕等糕點。

新疆紅棗

棗味香濃，肉質結實，爽甜，為優質紅棗。

[處理]

· 紅棗核帶燥，所以煲前應先去核。

· 購買紅棗的話，應買原粒連核的，因乃新鮮棗曬成；而去掉核的，則是由「落地棗」，即熟透而掉落地上的棗加工而成。所以購買紅棗宜買原粒紅棗，用時花少少時間自己去核為上。

南棗

Black Date

南棗補而不燥，性質溫和，可用來煲湯、煮糖水、焗茶，有補腎養血之效。它比紅棗補血功效更高，一向被譽為是棗中之王。

儲存方法 雪櫃

[功效]

· 補血

· 補而不燥

· 健脾和胃

· 滋陰潤燥

· 改善手腳冰冷

· 面色紅潤

[揀選]

· 棗型修長

· 肉質結實，按下去不會輕易爛開。

· 手揸一把，搖起來會有「格格」聲音。

[處理]

輕輕沖洗乾淨便可，可以不用去核。

蜜棗

Sweet Date

蜜棗由青棗曬乾加工精製而成，是經常出現在中式湯水中的最佳配角，以增添湯水的香甜度。

儲存方法 乾爽陰涼地方

[功效]

· 養胃疏肝

· 生津潤燥

· 增加湯水甜度

[揀選]

棗型長身完整，表面沒有過多糖份為佳。

椰棗

Palm Date

來自中東地區的椰棗，可以作口果食用；但由於風俗不同，我們多不喜甜度這麼高的口果，故用它取代蜜棗煲湯為多。其屬天然果糖，亦有高纖潤腸，養血之效。

儲存方法　乾爽陰涼地方

[功效]

· 高纖潤腸

· 鐵質豐富

· 養血防貧血

· 紓緩壓力

無花果

Dried Fig

新鮮無花果被封「生命之果」，是抗氧化抗衰老美顏恩物，在香港不是經常都有。但無花果乾則四季常備，潤燥湯水不能少了它。

儲存方法 雪櫃

[功效]

- 含豐富膳食纖維
- 潤腸通便
- 降血壓
- 潤肺消腫痛
- 通乳

[揀選]

產自美國：
最有名，但價錢較貴。

產自土耳其：
性價比高，不經糖煮，健康味濃，可當乾果使用，亦可用於焗水煲湯。

產自伊朗：
伊朗的無花果則是細小而乾硬的，不同於美國及土耳其的是軟軟的。

圓肉
Dried
Longan

圓肉

Dried Longan

圓肉、桂圓、元肉、龍眼肉，不同的叫法，其實統統都是它。圓肉具有安神養心、補血益脾的功效，可改善失眠。

儲存方法　雪櫃

[揀選]

泰國圓肉：比較普遍，因其樣子好看，大粒而且顏色明亮。但泰國圓肉經過糖水煮製，因而甜度雖足，但少了份龍眼香。

中國廣西圓肉：天然生曬而成的，體型較小而且外形不及泰國圓肉漲身；但龍眼肉味香濃，而且不經糖煮，比較健康。

[功效]

· 補血益氣

· 安心寧神

· 中和其他材料的膻味

海味遇上湯

⬆ 難度指數 1　　⏱ 45 分鐘　　👥 2 人份量

桂圓杞子南棗茶

Black Date Tea with Longan and Goji Berry

湯水功效　|　補肝益腎　養血紅潤面色　安神安眠

材料　Ingredients

圓肉 15 粒
15 dried longan

杞子 20 克
20g goji berries

南棗 10 粒
10 black dates

水 1000 毫升
1000ml water

做法　Method

❶ 先把南棗剪開一半；圓肉和杞子洗淨。
Cut black dates into halves, rinse longan and goji berries.

❷ 除杞子外，所有材料連 1000 毫升開水一同大火煲滾後轉文火煲約 30 分鐘。
Combine black dates and longan with 1000ml of water in a pot, place over high heat until it boils. Switch to low heat and cook for 30mins.

❸ 加入杞子，用文火煲多 15 分鐘，即成。
Add goji berries and continue to cook under low heat for another 15 mins and serve.

⬆ 難度指數 1　　⏱ 30 分鐘　　👥 2 人份量

Trio-Dates Tea

三 棗 茶

湯水功效 ｜ 滋陰養血　潤燥養顏

材料　Ingredients

紅棗 6 粒
6 red dates

南棗 4 粒
4 black dates

蜜棗 1 粒
1 sweet date

水 900 毫升
900ml water

做法　Method

❶ 紅棗去核切片；南棗剪開一半；蜜棗洗淨。
De-seed red dates and cut into slices, cut black dates into halves, rinse sweet dates.

❷ 所有材料連 900 毫升開水一同大火煲滾後轉文火煲約 30 分鐘，即成。
Combine ingredients with 900ml of water in a pot, place over high heat until it boils. Switch to low heat and cook for 30mins and serve.

南杏／北杏

Sweet Apricot Kernel / Bitter Apricot Kernel

南杏又稱甜杏仁，北杏則又稱苦杏仁，它們的英文名字正是以此區分。兩者看來很相似，但生北杏有毒性，要留意啊！

儲存方法 乾爽陰涼地方

[分辨]

南杏：

外形較大，味道香甜，所以又稱「甜杏仁」。

南杏不帶毒性，因此可放心使用。

北杏：

外形細小，帶甘苦味，所以又稱「苦杏仁」。

北杏輕微帶毒性，但平喘止咳功效較強，因此多用於中醫藥方，或必須混合南杏一併使用。

[功效]

· 止咳平喘

· 入肺經，潤肺

· 潤腸通便

· 改變皮膚乾燥

↑ 難度指數 3　　⏱ 30 分鐘　　👥 2 人份量

Chinese Almond Tea with Egg White

蛋白杏仁茶

| 湯水功效 | 止咳平喘　潤腸通便　生津潤肺 |

材料　Ingredients

南北杏　150 克
150g apricot kernels

蛋白　1 隻
1 egg white

冰糖　25 克
25g rock sugar

白米　15 克
15g rice

水　750 毫升
750ml water

做法　Method

❶ 把南北杏和白米沖洗乾淨後，連同 500 毫升水浸過夜。浸過杏仁的水留起備用。
Rinse apricot kernels and rice and then soak overnight with 500ml water. Do not discard the water.

❷ 把南北杏、米和浸過杏仁的水放入攪拌機內，再加入 250 毫升水，磨成杏仁漿。
Blend together apricot kernels, rice, the 500ml apricot kernel water, and extra 250ml water in a blender. The mixture should be silky white in colour.

❸ 用紗袋隔渣，隔出幼滑杏仁露。
Sieve the mixture with a muslin cloth.

❹ 隔渣後的杏仁露連同冰糖一同用大火煮滾後，轉小火煮大約 10 分鐘至糊狀濃稠度，期間不斷用湯勺攪拌。
Add rock sugar into the mixture and boil up, switch to a low heat after reaching boiling point and cook for another 10 mins until it thickens into desired consistency. Keep stirring throughout.

❺ 熄火後，一邊慢慢加入蛋白，一邊攪拌均勻，即成。
Remove from heat. Stir in egg white and serve.

海底椰

Sea Coconut

海底椰是常見湯料，滋陰潤肺。海底椰並非生於海底，而是棕櫚科植物。街市有時候有一包包小椰子／椰果似的，其實叫「棕櫚果」，而不是新鮮海底椰。

儲存方法 乾爽陰涼地方

非洲海底椰

[功效]

· 化痰止咳

· 紓緩氣喘

· 潤肺

[揀選]

非洲海底椰：產自非州塞舌爾群島，如月彎，帶狗牙形裂紋，椰肉纖維明顯。
止咳平喘功效最強，價錢最貴。

泰國海底椰：顏色帶啡黃，椰香味重。常用於家常潤肺湯水。

海南島海底椰：白色輕身，四邊都有啡圈包圍，味道最淡。

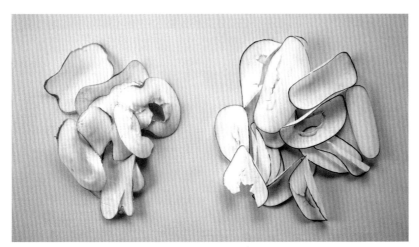

泰國海底椰　　　　　　　　　海南島海底椰

紅蘿蔔馬蹄海底椰雪耳湯

Snow Fungus and Sea Coconut Vegetable Soup

湯水功效 | 止咳化痰　滋陰潤肺　清熱生津

↑ 難度指數 2　　⏱ 2 小時　　👥 4 人份量

材料　Ingredients

海底椰 1 両
38g sea coconut

雪耳 半両
20g snow fungus

南杏 1 両
38g sweet apricot
kernels

蜜棗 2 粒
2 sweet dates

紅蘿蔔 1 條
1 carrot

粟米 1 條
1 sweetcorn

馬蹄 8 粒
8 water chestnuts

瘦肉 半斤
300g lean pork

水 2500 毫升
2500ml water

做法　Method

❶ 雪耳用水浸軟後去蒂。
Soak snow fungus until it softens. Remove any hard parts.

❷ 南杏、海底椰和蜜棗洗淨。
Rinse sweet apricot kernels, sea coconuts and sweet dates.

❸ 紅蘿蔔去皮，切件；粟米洗淨切件；馬蹄去皮洗淨。
Peel carrot and water chestnuts. Cut carrot and sweetcorn into chunks.

❹ 瘦肉切件，放入凍水汆水，沖水洗淨。
Cut lean pork into chunks and blanch.

❺ 除雪耳外，所有材料連 2500 毫升開水一同大火煲滾後轉文火煲約 1.5 小時。
Combine ingredients (except snow fungus) with 2500ml of water in a pot, place over high heat until it boils. Switch to medium-low heat and cook for 1.5 hours.

❻ 加入雪耳，再煲 30 分鐘，最後放鹽調味即成。
Add snow fungus, cook for another 30 mins. Add salt to taste.

雪梨乾

Dried Pear Slice

新鮮雪梨生津清潤，但屬性偏寒涼。烘曬後的雪梨乾祛除了其涼性，但同樣可生津止渴，潤肺化痰。

儲存方法 雪櫃

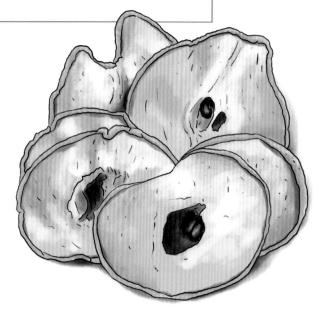

[**功效**]

· 潤肺化痰

· 止渴生津

· 雪梨乾烘後潤而不寒

↑ 難度指數 1　　⏱ 20 分鐘　　👤 1 人份量

Pear and Fig Tea

雪梨乾無花果杞子茶

湯水功效 ｜ 潤肺生津　清熱養陰　寧心安神

材料　Ingredients

雪梨乾 3 片
3 dried pear slices

麥冬 10 克
10g mai dong

無花果 2 粒
2 dried figs

杞子 10 克
10g goji berries

熱水 300 毫升
300ml hot water

做法　Method

❶ 麥冬用水浸約 10 分鐘；雪梨乾和杞子洗淨。
Soak mai dong for 10 mins. Rinse pear slices and goji berries.

❷ 無花果洗淨，剪開一半。
Rinse dried figs and cut into halves.

❸ 把所有材料放入保溫杯內，加入 80 度熱水，關蓋搖動數次後，倒掉水份。
Put all ingredients into a thermal flask, add some 80℃ hot water, put on the cap and shake a few times to warm up the flask and ingredients. Discard water.

❹ 再加入 300 毫升熱水，蓋上杯蓋焗約 20 分鐘，即成。
Add 300ml hot water into the flask, let it sit for 20 mins and serve.

❺ 飲至剩下 1/3，可再加入熱水重複燜焗至無味。
Refill hot water when only 1/3 tea remains. The process could be repeated until all the flavours are released.

菜乾 Dried Bak Choy

菜乾

Dried Bak Choy

大概 15 至 30 斤的鮮白菜，才可以曬出一斤菜乾。菜乾煲湯香味濃郁，因為精華全走出來了！

儲存方法　乾爽陰涼地方

[功效]

· 清熱潤肺

· 利水解渴

· 清腸胃

[處理]

清水浸約 30 分鐘至軟身，剪掉根部硬的部分，沖水洗淨。

[曬菜乾步驟]

曬菜乾工序繁複，而且需要大量新鮮大白菜才能曬出一斤菜乾，所以菜乾那種濃郁的甜味絕對得來不易！

❶ 浸洗大白菜，把白菜逐塊徹底洗淨。

❷ 準備大鍋滾水，把大白菜烚至 8 成熟。

❸ 把烚好的白菜立即放入凍水，浸水至涼。

❹ 瀝水，把菜倒轉來曬，每天黃昏後要收起來，早上露水過後再拿出來曬，按照空氣濕度以及太陽，約需曬 1 星期。

海味遇上湯

陳 腎

Dried Gizzard

陳腎即是鴨腎，是廣東風味食材，性溫味甘，老人孩童都合用；常用來煲粥。

儲存方法　冰格

[功效]

· 清熱下火

· 開胃

· 增進食慾

· 改善胃口

[揀選]

南京陳腎：用麻繩串起

南安陳腎：扎裝，再用紙包好。

兩者都多是以 10 隻為一單位。

[處理]

· 鴨腎使用前需先汆水，去掉表面油份及鹽份。

· 汆水後洗淨，剪開即可用。

· 陳腎經醃製，因此鹽份重。陳腎湯應先試味後才加鹽，以免過鹹。

Dried Bak Choy Soup with Dried Gizzard and Monk Fruit

菜乾陳腎羅漢果湯

湯水功效 | 養胃生津　清熱排毒　清燥潤肺

材料　Ingredients

菜乾 2 両
75g dried bak choy

陳腎 2 件
2 dried gizzard

南杏 1 両
38g sweet apricot
kernel

無花果 4 粒
4 dried figs

羅漢果 半個
half monk fruit

陳皮 1 塊
1 tangerine peel

紅蘿蔔 1 條
1 carrot

瘦肉 半斤
300g lean pork

水 2500 毫升
2500ml water

做法　Method

① 把菜乾洗淨，然後用水浸 15 分鐘，再用清水沖洗。
Rinse dried bak choy and soak for 15 mins. Rinse under running water again to clean.

② 鴨腎用水浸 10 分鐘，再汆水灼 3 分鐘，盛起剪開一半。
Soak dried gizzard for 10mins and blanch for 3 mins. Drain and cut into halves.

③ 紅蘿蔔去皮，切件；南杏和羅漢果洗淨；無花果洗淨剪開一半。
Peel carrot and cut into chunks. Rinse apricot kernel and monk fruit. Rinse and cut dried figs into halves.

④ 陳皮用水浸 10 分鐘，刮瓤洗淨。
Soak tangerine peel for 10 mins until soft, scrape off the pith.

⑤ 瘦肉切件，放入凍水汆水後沖水洗淨。
Cut lean pork into chunks and blanch.

⑥ 所有材料放入 2500 毫升滾水，大火滾起後，轉文火煲約 1.5 小時，最後加少許鹽調味，即成。
Combine ingredients with 2500ml of boiling water in a pot, place over high heat until it boils. Switch to medium-low heat and cook for 1.5 hours. Add salt to taste.

麥冬

Ophiopogonis
Radix（Mai Dong）

麥冬是草本植物，有滋陰生津和止咳潤肺的藥用價值；但它從來都不會是湯中的主角，只會默默擔當著輔助的角色。

儲存方法 雪櫃

[功效]

· 清心火、除煩

· 養肺陰、生津

· 潤腸潤肺

[配搭良伴]

· 太子參麥冬百合湯：清肺熱，
治虛勞。

· 雪梨乾無花果麥冬茶：養陰
潤肺、紓緩喉乾。

· 花旗參石斛麥冬菊花茶：養
陰補虛、明目安眠。

[揀選]

· 飽滿

· 長身

· 結實

↑ 難度指數 1　　⏱ 30 分鐘　　👥 2 人份量

花旗參麥冬蜜糖水
American Ginseng Honey Tea with Mai Dong

湯水功效 │ 潤肺清肝熱　生津解渴　益氣寧神

材料 Ingredients

花旗參片 1 湯匙
1 tablespoon of sliced american ginseng

南杏 2 湯匙
2 tablespoons of sweet apricot kernel

麥冬 1 湯匙
1 tablespoon of mai dong

無花果 3 粒
3 dried figs

蜜糖 適量
honey to taste

水 1000 毫升
1000ml water

做法 Method

❶ 花旗參片、南杏和麥冬洗淨略浸。
Soak american ginseng, sweet apricot kernel and mai dong for a while.

❷ 無花果洗淨剪開一半。
Rinse and cut dried figs into halves.

❸ 所有材料連 1000 毫升水一同大火煲滾後轉文火煲 15 分鐘，熄火再焗 15 分鐘，即成。
Combine ingredients with 1000ml of water in a pot, place over high heat until it boils. Switch to low heat and boil for 15 mins. Remove from heat and let sit for another 15 mins. Add honey to taste.

❹ 亦可以煲15分鐘後放入暖水壺焗，隨身攜帶到公司，飲用時可以加點蜜糖增加滋潤度。
Alternatively can transfer the tea into a thermal flask after boiling for 15 mins and bring it out as a good on-the-go drink!

山楂
Hawthorn Fruit

山楂

Hawthorn Fruit

小時候飲藥最期待山楂餅；山渣味酸，有助消化，是由果實切片烘乾而成；但胃部容易不適人士不宜食用。

儲存方法　雪櫃

[功效]

· 消積化滯

· 健脾開胃

· 減肥

· 降血壓

· 降血脂

海味遇上湯

難度指數 1　　45 分鐘　　4 人份量

Hawthorn Fruit and Apple Tea

山楂蘋果茶

湯水功效 │ 清脂化滯　生津解渴　健脾開胃

材料 Ingredients

山楂 20 克
20g Hawthorn Fruit

蘋果 3 個
3 Apples

冰糖 25 克
25g rock sugar

陳皮 1 片
1 tangerine peel

水 1500 毫升
1500ml water

做法 Method

❶ 山楂用水浸 10 分鐘；蘋果削皮、去芯、切塊。
Soak hawthorn fruit for 10 mins. Peel and core apples, cut into chunks.

❷ 陳皮用水浸 10 分鐘，刮瓢洗淨。
Soak tangerine peel for 10 mins until soft, scrape off the pith.

❸ 所有材料（除冰糖外）連 1500 毫升開水一同大火煲滾後轉文火煲約 30 分鐘，加入冰糖煮至溶化即成。
Combine ingredients (except rock sugar) with 1500ml of water in a pot, place over high heat until it boils. Switch to low heat and boil for 30 mins. Add rock sugar to taste.

腰果

Cashew Nut

腰果因為形狀像腎臟（腰子）而得名，和榛果、合桃、杏仁合稱為四大核果。腰果用於湯水中會帶有肉似的甜味，是素湯用以取代肉類的熱門材料；也可以混合數款果仁或豆類，增添風味及營養。

儲存方法　雪櫃

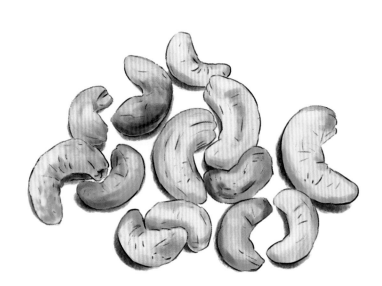

[功效]

· 補腎

· 軟化血管

· 維持血管健康

[揀選]

· 腰果的等級以大小來區分：
  W180 / W240 / W320，代表
  每一磅約有的數量。

· W180 的腰果就是最大粒，
  而 W320 的腰果最小，一磅
  有大約 320 粒腰果。

合 桃

Walnut

合桃又即核桃、胡桃；常説合桃補腦，不只是以形補形，而是因為它含有豐富的omega-3啊！

儲存方法　雪櫃

［ 功效 ］

· 補腦固精

· 潤腸通便

· 滋潤皮膚

［ 揀選 ］

美國合桃肉

· **美國合桃肉**：最為優質，顏色金黃鮮明，形狀較立體，肉質較為鬆化。

· **雲南合桃肉**：顏色較為暗啡，形狀較扁，肉質較脸，欠口感。

栗子乾

Chestnut

栗子是碳水化合物含量較高的堅果，供給高熱能，並有助脂肪代謝。栗子乾浸軟後跟新鮮的相若，用於炆餸煲湯、甚至包糉都十分方便。

儲存方法 乾爽陰涼地方

[功效]

・補腎

・正氣

・健脾止瀉

[揀選]

・建議選購歐洲產的栗子乾，大粒而且香甜軟糯，特別好吃。

[處理]

煲湯用：浸約 30 分鐘，洗淨即可。

做菜用：清水浸過夜，便如新鮮栗子一樣。

⬆ 難度指數 2　　⏱ 1.5 小時　　👥 4 人份量

栗子乾花豆合桃素湯
Mixed Beans and Nuts Vegetarian Soup

湯水功效 | 健脾補腎　滋潤補腦　正氣解熱

材料　Ingredients

栗子乾　1 両半
55g dried chestnuts

合桃肉　1 両半
55g walnut halves

腰果　1 両半
55g cashew nuts

花生　1 両
38g peanuts

白蓮子　1 両
38g lotus seeds

花豆　1 両
38g speckled beans

椰棗　4 粒
4 palm dates

大紅蘿蔔　1 條
1 big carrot

水　2000 毫升
2000ml water

做法　Method

❶ 白蓮子、合桃肉、腰果、花豆、花生、栗子乾混合，用熱水浸 10 分鐘，沖水洗淨。

Mix all ingredients except palm dates and carrot, soak them in hot water for 10 mins and drain.

❷ 椰棗洗淨；紅蘿蔔去皮切件。

Rinse palm dates. Peel carrot and cut into chunks.

❸ 所有材料連 2000 毫升開水一同大火煲滾後轉文火煲約 1.5 小時，最後放鹽調味即成。

Combine ingredients with 2000ml of water in a pot, place over high heat until it boils. Switch to medium-low heat and cook for 1.5 hours. Add salt to taste.

桃 膠
Peach Resin

桃膠是桃樹樹幹自然分泌出的樹脂，口感似蒟蒻，煙韌富彈性。桃膠有「平民燕窩」之稱，含有豐富的植物性膠原蛋白，零膽固醇，能滋潤腸胃及通便，有助身體排出廢物，達至美容白滑皮膚的神效。

儲存方法　乾爽陰涼地方

[功效]

· 潤肺養顏

· 天然膠質

· 抗皺嫩膚

· 幫助腸胃消化

· 降血糖血脂

· 性質溫和，
　適合全家大小

[處理]

· 用大量清水浸泡過夜（最少
10 小時），去除雜質即可。

[揀選]

雜質多，難清洗

乾淨桃膠

品質最好，波子桃膠

· 顏色明亮清晰

· 表面圓滑

· 雜質少為佳

鮮奶杏汁燉桃膠

Peach Resin with Chinese Almond Milk Dessert

湯水功效 │ 滋陰養顏　潤腸通便　補充植物性膠原蛋白

↑ 難度指數 4　　⏱ 45 分鐘　　👥 2 人份量　　🫕 燉盅

材料　Ingredients

桃膠　約 20 粒
20 peach resins

南杏　2 両
75g sweet apricot kernel

紅棗　3 粒
3 red dates

圓肉　10 粒
10 dried longan

冰糖　適量
rock sugar to taste

鮮奶　500 毫升
500ml fresh milk

做法　Method

❶ 先做杏汁：南杏洗淨，連同 250 毫升水浸 5 小時至過夜。浸透後南杏連水放入攪拌機內，打磨成漿。用紗袋隔渣，隔出幼滑杏仁汁。

Soak apricot kernel in 250ml of water for at least 5 hour to overnight. Blend together apricot kernel and the 250ml of water in a blender. The mixture should be silky white in colour. Sieve the mixture with a muslin cloth.

❷ 桃膠用水浸過夜，然後去除雜質，洗淨瀝水備用。

Soak peach resin overnight. Clean to remove any impurities and drain.

❸ 圓肉洗淨；紅棗去核切片。

Rinse dried longan and red dates. De-seed red dates and cut into slices.

❹ 準備燉盅，放入桃膠、紅棗、圓肉和杏汁，先燉 30 分鐘。

Place peach resin, red dates, longan, and apricot kernel juice into a container and set to double-boil for 30 mins.

❺ 再放入鮮奶和冰糖繼續燉 15 分鐘，即成。

Add fresh milk and rock sugar, cook for another 15 mins and serve.

薏米

Coix Seed

薏米是禾本科植物薏苡的乾燥成熟種仁，利水祛濕，但較寒涼；熟薏米經爆炒處理，寒性大減，且健脾。至於洋薏米，則是完全另一種食材；它是磨去殼皮的大麥，無藥用價值，但含豐富纖維，有助腸道蠕動。

儲存方法　乾爽陰涼地方

[功效]

注：生熟混合使用

· 祛濕清熱

· 消水腫

· 補脾止瀉

生薏米

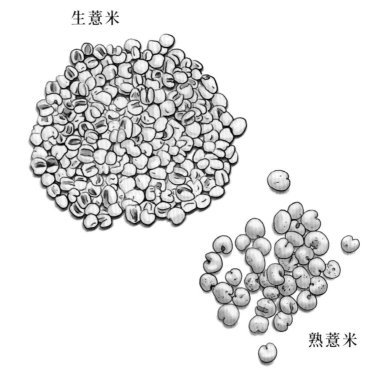

熟薏米

[分辨]

機爆熟薏米：顏色潔白，非常輕身，發泡膠粒似的。

手炒熟薏米：顏色帶炒過的啡白，如生薏米般重身，體積只比生薏米大一點。

Lemon Honey Water with Coix seeds

檸檬薏米水

湯水功效 │ 祛濕消暑　改善四肢浮腫　美白排毒　增強抵抗力

材料 Ingredients

生薏米 半碗
1/2 cup coix seeds

熟薏米 半碗
1/2 cup cooked
coix seeds

檸檬 1 個
1 lemon

蜜糖 適量
honey to taste

水 1500 毫升
1500ml water

做法 Method

❶ 生熟薏米沖洗乾淨，泡水一小時，瀝乾。

Mix both variations of coix seeds, rinse them under running water and soak for an hour. Drain.

❷ 將生熟薏米連 1500 毫升開水一同大火煲滾後轉文火煲約 1 小時，熄火不要打開蓋繼續焗 30 分鐘。

Combine coix seeds and 1500ml water in a pot, place over high heat until it boils. Switch to low heat and boil for an hour. Remove from heat and let sit for another 30 mins.

❸ 檸檬切片，待薏米水稍為放涼後加入檸檬片和蜜糖，即成。

Add lemon slices and honey to taste.

羅漢果
Monk Fruit（Luo Han Guo）

羅漢果被譽為「神仙果」，甜度高，熱量低，更是天然代糖，是糖尿病人也可嚐的甜果。

儲存方法 乾爽陰涼地方

羅漢果 Monk Fruit (Luo Han Guo)

海味遇上湯

[功效]

· 潤肺止咳

· 生津止渴

· 潤腸通便

[揀選]

外形愈大就愈靚，果身要完整無破裂。

[處理]

洗淨後切開 2-4 份，連殼連核一齊煲湯或煲水。

金羅漢果和傳統羅漢果的分別

	金羅漢果	傳統羅漢果
特性	低溫真空脱水	高溫烘烤
外形	外殼呈金黃色	外殼呈深褐色
味道	味道清香，甜而不膩	濃郁甘甜，甜味濃度較高
維生素	有效鎖住更多天然營養和維生素	維生素較少
缺點	較為寒涼	有機會帶澀味

難度指數 1　　1 小時　　4 人份量

金羅漢果雪梨水
Golden Monk Fruit and Pear Tea

湯水功效｜生津潤肺　清熱降火　止咳平喘

材料　Ingredients

金羅漢果 1 個	雪梨 3 個	南杏 1 両	麥冬 1 両	水 2000 毫升
1 golden monk fruit	3 pears	38g sweet apricot kernel	38g mai dong	2000ml water

做法　Method

❶ 把南杏和麥冬用水浸約 10 分鐘。
Soak apricot kernel and mai dong for 10 mins.

❷ 金羅漢果洗淨後連核壓碎。
Rinse golden monk fruit and crush.

❸ 雪梨削皮去芯，切件。
Peel and core pears and cut into slices.

❹ 所有材料連 2000 毫升開水一同大火煲滾後轉文火煲約 1 小時即成，冷熱皆宜。
Combine ingredients with 2000ml of water in a pot, place over high heat until it boils. Switch to low heat and boil for an hour. Serve hot or cold.

Mushrooms and Fungi

PART 4

菇菌類

羊肚菌 /

Morel

羊肚菌香氣濃郁，外國人喜歡用它來燴意大利飯；由於它的營養價值很高，富有抑制腫瘤、抗病毒的氨基酸，用來燉湯滋補又養生。

儲存方法　雪櫃

[功效]

· 增強人體機能及免疫系統

· 抗疲勞

· 防癌

· 補腎氣

· 化痰理氣

[處理]

浸 10 分鐘後逐粒搓洗乾淨，去除幼沙。

[分辨]

野生羊肚菌：個子較小，菌蓋紋路不規則，香味濃郁，肉質爽口。

培植羊肚菌：可以很大個，紋路凹坑整齊，較為腍身。

⬆ 難度指數 3　　⏱ 3 小時　　👨‍👩 4 人份量　　🍲 燉盅

Black Chicken Soup with Morel

～羊肚菌烏雞燉湯～

| 湯水功效 | 改善睡眠質素 抗疲勞 滋補肝腎 增強抵抗力

材料 Ingredients

羊肚菌 1 両
38g morel

元貝 4 粒
4 dried scallops

茯神 1 両
38g poria with
hostwood

圓肉 15 粒
15 dried longan

杞子 3 錢
12g goji berries

烏雞 1 隻
1 black chicken

水 1800 毫升
1800ml water

做法 Method

❶ 羊肚菌浸 10 分鐘後取出，逐粒搓洗乾淨，去除幼沙。
Soak morel for 10 mins, rub to clean each morel to make sure it is free of fine sand.

❷ 元貝先沖水洗淨，再用清水浸 30 分鐘，元貝水可留起用。
Rinse dried scallops first and then soak in water for 30 mins. The water can be used for the soup too.

❸ 茯神洗淨略浸；圓肉、杞子沖洗乾淨即可。
Soak poria with hostwood for 15 mins; rinse dried longan and goji berries.

❹ 烏雞洗淨後切走頸位和尾部，除去內臟，切開 4 份，汆水後沖洗乾淨。
Clean black chicken, remove its neck, tail, and all organs. Cut into 4 pieces and blanch.

❺ 所有材料連 1800 毫升開水一同大火煲滾後放入燉盅燉 3 小時，最後加少許鹽調味，即成。
Combine ingredients with 1800ml water in a pot, place over high heat until it boils vigorously. Transfer to a double boiler and slow cook for 3 hours. Add salt to taste.

黃耳 /
Yellow Fungus

別誤會黃耳是染了色的雪耳；黃耳，又稱金耳或葉銀耳，膠質比雪耳豐富好幾倍，是素食人士補充膠原蛋白的不二選擇。

儲存方法 雪櫃

[功效]

· 極豐富植物膠原蛋白，可補充膠質

· 潤肺平喘

· 促進肝臟脂肪代謝

· 預防脂肪肝

[揀選]

顏色鮮明而且有層次，不應單一色，以免重琉磺加工。

[處理]

黃耳需要浸泡一天才能完全泡開，浸泡完成後需汆水。

黃耳泡發前後

注意：優質的黃耳泡發率甚高，可以達十倍之多，所以每次使用份量不需多，大黃
耳一顆已經足夠。太多的話會令湯水 / 甜品非常杰身。

黃耳栗子合桃素湯

Yellow Fungus with Nuts Vegan Soup

湯水功效 | 補充膠質　寧神清熱　清腸胃　促進肝脂肪代謝

材料　Ingredients

黃耳　半両
20g yellow fungus

栗子　1 磅
1lb chestnuts

合桃肉　2 両
75g walnut halves

雲苓　1 両
38g poria

百合　1 両
38g dried lily bulbs

椰棗　5 粒
5 palm dates

大紅蘿蔔　1 條
1 carrot

薑　2 片
2 ginger slices

水　2500 毫升
2500ml water

做法　Method

❶ 黃耳預早用清水浸泡 1 天（注意水量一定要足夠），剪去硬蒂，凍水落冧水，洗淨備用。
Soak yellow fungus overnight (make sure to have sufficient amount of water), cut away any hard parts and blanch.

❷ 栗子用熱水灼 3 分鐘，撈起用濕布包着，容易去皮。
Blanch chestnut for 3 mins, wrap them in a wet towel for easy peeling.

❸ 雲苓和百合用水浸 30 分鐘。
Soak poria and dried lily bulbs for 30 mins.

❹ 合桃肉用熱水浸 5 分鐘，瀝水備用。
Soak walnut halves in hot water for 5 mins then drain.

❺ 椰棗洗淨；紅蘿蔔去皮切件。
Rinse palm dates; peel carrot and cut into chunks.

❻ 所有材料連 2500 毫升開水一同大火煲滾後轉文火煲約 2 小時，最後放鹽調味即成。
Combine all ingredients with 2500ml of water in a pot, place over high heat until it boils. Switch to medium-low heat and cook for 2 hours. Add salt to taste.

雪耳

Snow Fungus

雪耳，又稱銀耳或白木耳，柔軟潔白，清潤而且配搭容易，是深受大眾喜愛、滋潤嫩膚之佳品。

儲存方法　乾爽陰涼地方

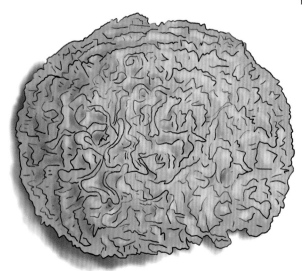

[產地]

兩個產地功效相若，主要是口感不同。

漳州耳：爽口，泡發率高，受火時間長。

福州耳：煮起來比較軟糯，長時間煲煮會溶化，比較適合作糖水。

[功效]

· 滋陰潤肺

· 補脾開胃

· 增強人體抵抗力

[處理]

清水浸泡至軟身，完全發開，去掉硬蒂即可使用。

漳州耳　　　　　福州耳

↑ 難度指數 2　　⏱ 2 小時　　👥 4 人份量

木瓜雪耳沙參海竹湯
Snow Fungus with Papaya Herbal Soup

湯水功效 | 補肺益腎　潤肺止咳　紓緩鼻敏感

材料　Ingredients

蟲草花　1 兩
38g cordycep flowers

雪耳　半兩
20g snow fungus

南杏　1 兩
38g sweet apricot kernels

沙參　1 兩
38g shashen

海竹　1 兩
38g polygonatum root

無花果　6 粒
6 dried figs

木瓜　1 個
1 papaya

瘦肉　半斤
300g lean pork

水　3000 毫升
3000ml water

做法　Method

❶ 無花果洗淨剪開一半；雪耳用水浸軟後去蒂。
Cut dried figs into halves; soak snow fungus until soft, remove any hard part.

❷ 木瓜去皮，刮走瓜籽，切塊。
Peel papaya, removing its seeds, and cut into chunks.

❸ 沙參用水浸 10 分鐘；海竹頭切片；蟲草花和南杏洗淨。
Soak shashen for 10 mins; slice polygonatum roots; rinse cordyceps flowers and apricot kernels.

❹ 瘦肉切件，放入凍水汆水，沖水洗淨。
Cut lean pork into big chunks and blanch.

❺ 除雪耳外，所有材料連 3000 毫升開水一同大火煲滾後轉文火煲約 1.5 小時。
Combine ingredients (except snow fungus) with 3000ml of water in a pot, place over high heat until it boils. Switch to medium-low heat and cook for 1.5 hours.

❻ 加入雪耳，再煲 30 分鐘，最後加少許鹽調味，即成。
Add snow fungus and cook for another 30 mins. Add salt to taste.

雲耳

Black Fungus

雲耳，又稱為黑木耳，是木耳科真菌的一種，但體積比木耳小，亦比它薄，口感較滑。可以用於蒸雞、涼拌、什菜煲、炆齋等等，非常百搭。

儲存方法 乾爽陰涼地方

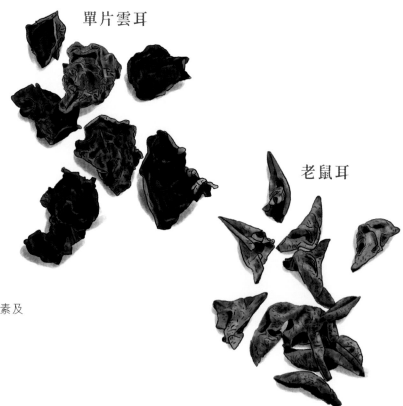

單片雲耳

老鼠耳

[功效]

· 富含蛋白質、維生素及礦物質

· 補血

· 降膽固醇

· 通血管

[分辨]

雲耳有單片雲耳（圖左）、貓耳、老鼠耳（圖右）等多個品種，當中以老鼠耳品質最佳，浸泡後大小適中且肉厚，用作涼拌，蒸炒皆宜。

單片雲耳　　　　　　　　老鼠耳

[處理]

· 清水浸泡 20 分鐘，用剪刀剪去底部硬蒂（如有）。

· 如做涼拌冷盤要先烚 5 分鐘煮熟再放冰水中過冷河，瀝乾後拌入醬油配料即可。

木耳

Wood Ear Fungus

木耳，又稱白背黑木耳，比雲耳大塊得多，而且較為爽口。被譽為「血管清道夫」，可通血管，降膽固醇，保持心臟健康。多用來煲湯；市面亦有切絲的，可用作炒或做配菜。

儲存方法 乾爽陰涼地方

[功效]

· 通血管

· 降血壓

· 降膽固醇

· 抑制血小板凝聚

[注意]

· 木耳有保持心臟健康的良好功效，但屬性寒涼，建議配合薑片、紅棗、黨參等溫熱材料，中和其寒涼性質。

白木耳
White Wood Ear Fungus

白木耳，又名白玉耳，是比較少人認識的菌類；但它比木耳更爽口，適合長時間炆煮的菜式，炆齋最適合。

儲存方法 乾爽陰涼地方

[功效]

· 減少脂肪吸收

· 增強抵抗力

· 強化指甲

Wood Ear Fungus with Apple Vegan Soup
白背黑木耳蘋果杞子湯

湯水功效 │ 降脂排毒 通血管 補肝明目

材料 Ingredients

白背黑木耳 2 両
75g wood ear fungus

杞子 1 両
38g goji berries

紅棗 8 粒
8 red dates

腰果 2 両
75g cashew nuts

陳皮 1 片
1 tangerine peel

蘋果 3 個
3 apples

水 2000ml
2000ml water

⬆ 難度指數 2　　⏱ 1.5 小時　　👥 4 人份量

做法　Method

❶ 把白背黑木耳浸軟身，去蒂，汆水備用。
Soak fungus till soft, remove hard parts and blanch.

❷ 蘋果去皮、切塊去芯；紅棗去核；杞子洗淨。
Peel and core apples, cut into slices; de-seed red dates; rinse goji berries.

❸ 腰果用熱水浸 5 分鐘，瀝水備用。
Soak cashew nuts in hot water for 5 mins. Drain to use.

❹ 陳皮用水浸 10 分鐘，刮瓢洗淨。
Soak tangerine peel for 10 mins until soft, scrape off the pith.

❺ 所有材料連 2000 毫升開水一同大火煲滾後轉文火煲約 1.5 小時，最後放鹽調味即成。
Combine all ingredients with 2000ml of water in a pot, place over high heat until it boils. Switch to medium-low heat and cook for 1.5 hours. Add salt to taste.

冬菇 /
Shiitake Mushroom

冬菇品種眾多，細分下去，有白花菇、茶花菇、秋菇、香信、寸菇等，含多種優質胺基酸，可依據用途去揀選。

儲存方法　雪櫃

[功效]

· 增強人體免疫力

· 延緩衰老

· 調理腸胃

[揀選]

· 市面上的冬菇主要來自三個產地：日本、韓國、中國。由於種植冬菇的企業非常多，每個產地的冬菇都有優劣參差，所以很難一概而論。

· 揀冬菇的準則是乾身而且輕身，味道清香，底部鮮明，就是好的冬菇。

· 挑選冬菇應先從用途著手——

炆煮：應選白花菇，取其厚肉而且爽口；

包餃子：可選薄身的香信，取其香味濃郁而且易熟；

煲湯：宜選秋菇，菇味濃郁而且價錢較相宜。

[處理]

冬菇先用清水浸軟，剪去冬菇蒂，揸乾水後加入食油和粟粉搓勻，待 10 分鐘後沖水洗淨，再揸乾水分，冬菇即清洗乾淨，可用於煲湯、炆煮、炒菜。

冬菇花生眉豆雞腳湯

Shiitake Mushroom and Mixed Beans Soup with Chicken Feet

湯水功效 | 健脾除濕　利水消腫　滋陰養血

海味湯之湯

⬆ 難度指數 3　　⏱ 2 小時　　👥 4 人份量

材料　Ingredients

冬菇 10 隻
10 shiitake mushrooms

花生 1 両
38g peanuts

眉豆 1 両
38g black-eye beans

元貝 4 粒
4 dried scallops

陳皮 1 片
1 tangerine peel

節瓜 2 個
2 hairy gourds

雞腳 6 隻
6 chicken feet

瘦肉 半斤
300g lean pork

水 2500 毫升
2500ml water

做法　Method

❶ 冬菇用水浸過夜至軟身，瀝水後加入粟粉和油拌勻後放置 10 分鐘，沖水洗淨。

Soak shiitake mushroom overnight until soft. Squeeze out excess water, mix shiitake mushroom with cornstarch and cooking oil. Rinse after 10 mins.

❷ 節瓜用刀刮去外皮，切開一半。

Peel hairy gourds and cut into halves.

❸ 花生和眉豆用水浸 15 分鐘。

Soak peanuts and black-eye beans for 15 mins. Drain to use.

❹ 元貝先沖水洗淨，再用清水浸 30 分鐘，元貝水可留起用。

Rinse dried scallops first and then soak in water for 30 mins. The water can be used for the soup too.

❺ 陳皮用水浸 10 分鐘刮瓤洗淨。

Soak tangerine peel for 10 mins until soft, scrape off the pith.

❻ 雞腳剪走腳趾，連同瘦肉放入凍水氽水，沖水洗淨。

Clip off the nails of chicken feet. Blanch together with lean pork.

❼ 所有材料連 2500 毫升開水一同大火煲滾後轉文火煲約 2 小時，最後放鹽調味即成。

Combine ingredients with 2500ml of water in a pot, place over high heat until it boils. Switch to medium-low heat and cook for 2 hours. Add salt to taste.

髮菜
Black Moss

髮菜是髮狀念珠藻，生長在世界各地的沙漠和貧瘠土壤，因像頭髮而得名。它必定出現在新年的菜式，因取其諧音「發財」的寓意。

儲存方法 乾爽陰涼地方

[功效]

・降血壓

・清肺塵

・調理腸胃

[揀選]

髮菜應挑選摸上手有彈性，色澤偏暗啞，不會過份明亮有光澤的，聞起來不會有化學的味道，避免購到假的髮菜。

[處理]

髮菜放入碗中，倒入熱水，
浸 5 分鐘，加入數滴食油，
用筷子攪拌髮菜後把髮菜夾
出，再沖水一次即可。

蓮藕髮菜蠔豉冬菇湯

Black Moss and Dried Oyster Soup with Lotus Root

湯水功效 │ 補益氣血　潤腸通便　降血壓

材料　Ingredients

髮菜 半両
20g black moss

蠔豉 2両
75g dried oysters

冬菇 10 隻
10 shiitake mushrooms

蜜棗 2 粒
2 sweet dates

陳皮 1 片
1 tangerine peel

蓮藕 1 斤
600g lotus root

瘦肉 半斤
300g lean pork

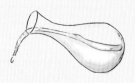

水 3000 毫升
3000ml water

做法　Method

❶ 冬菇用水浸過夜至軟身，瀝水後加入生粉和油拌勻後放置 5 分鐘，沖水洗淨。
Soak shiitake mushroom overnight until soft. Squeeze out excess water, mix shiitake mushroom with cornstarch and cooking oil. Rinse after 5 mins.

❷ 蠔豉洗淨，用水浸約 30 分鐘。
Soak dried oysters for 30 mins.

❸ 髮菜加入熱水和少許油，撈起使其鬆散，沖水洗淨。
Prepare a bowl of hot water, mix with a few drops of cooking oil. Put black moss into the bowl and soak for 5 mins. Loosen black moss for cleaning by stirring it with a pair of chopsticks. Rinse again under running water. Drain to use.

❹ 蓮藕去皮切件；蜜棗洗淨；陳皮用水浸 10 分鐘，刮瓤洗淨。
Peel lotus root and cut into chunks; rinse sweet dates; soak tangerine peel for 10 mins until soft, scrape off the pith.

❺ 瘦肉切件，放入凍水汆水，沖水洗淨。
Cut lean pork into chunks and blanch.

❻ 除髮菜外，所有材料連 3000 毫升開水一同大火煲滾後轉文火煲約 2 小時。
Combine ingredients (except black moss) with 3000ml of water in a pot, place over high heat until it boils. Switch to medium-low heat and cook for 2 hours.

❼ 加入髮菜，再煲 30 分鐘，最後放鹽調味即成。
Add black moss and cook for another 30 mins. Add salt to taste.

榆耳 /

Elm Fungus

榆耳是三菇六耳之一，是一珍貴菇菌，爽口非常。它味道鮮美，野生的榆耳享有「森林食品之王」的大名，近年也有人工培植的。

儲存方法 乾爽陰涼地方

[功效]

· 調節腸胃

· 清熱利濕

· 抗衰老

· 抑制人體內的病菌

⬆ 難度指數 3　　⏱ 2 小時　　👨‍👩‍👧 4 人份量

Old Cucumber Soup with Elm Fungus

老黃瓜榆耳元貝湯

湯水功效 | 清熱利濕　消炎　調節腸胃

材料 Ingredients

榆耳 1 両半
55g elm fungus

元貝 4 粒
4 dried scallops

蠔豉 1 両
38g dried oysters

生曬淮山 半両
20g Chinese yam

茨實 半両
20g gorgon fruit

椰棗 5 粒
5 palm dates

紅蘿蔔 1 個
1 carrot

老黃瓜 1 個
1 old cucumber

瘦肉 半斤
300g lean pork

水 3000 毫升
3000ml water

做法 Method

❶ 榆耳清水浸軟 4 小時，剪去硬蒂，汆水洗淨備用。
Soak elm fungus for 4 hours. Remove any hard parts and blanch.

❷ 元貝先沖水洗淨，再用清水浸 30 分鐘，元貝水可留起用。
Rinse dried scallops first and then soak in water for 30 mins. The water can be used for the soup too.

❸ 蠔豉洗淨，用清水浸泡約 30 分鐘。
Soak dried oysters for 30 mins. Clean and drain to use.

❹ 淮山、茨實洗淨略浸。椰棗洗淨。
Soak Chinese yam and gorgon fruits. Rinse palm dates.

❺ 紅蘿蔔去皮，老黃瓜洗淨，切件。
Peel carrot and rinse old cucumber, cut them into chunks.

❻ 瘦肉切件，放入凍水汆水，沖水洗淨。
Cut lean pork into big chunks and blanch.

❼ 所有材料連 3000 毫升開水一同大火煲滾後轉文火煲約 2 小時，最後放鹽調味即成。
Combine ingredients with 3000ml of water in a pot, place over high heat until it boils. Switch to medium-low heat and cook for 2 hours. Add salt to taste.

姬茸菇／

Blaze Mushroom

姬茸菇，又名姬松茸，巴西蘑菇。菇仔小小，但香味濃郁，是貴價「松茸」的代替品，有健脾養胃，補腎護肝之效。

儲存方法 雪櫃

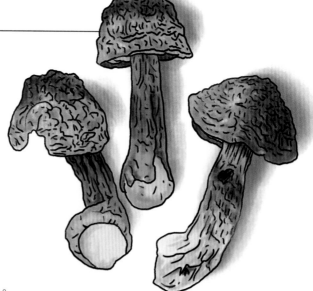

[功效]

· 健腦

· 補腎護肝

· 抗癌

· 改善糖尿病

· 預防肝硬化

[揀選]

· 菇身完整，乾身。

· 顏色金黃。

· 香氣自然，不含化學味道。

[處理]

清水浸 15 分鐘，檢查蒂
部，如有泥巴的話用刀輕
輕刮走，洗淨即可。

姫松茸蟲草花木耳雞湯

Blaze Mushroom and Cordyceps Flower Chicken Soup

湯水功效 ｜ 健脾益腎 對抗春困疲倦現象 補心養血

⬆ 難度指數 2　　⏱ 2 小時　　👥 4 人份量

材料　Ingredients

姬茸菇 15 粒
15 blaze mushrooms

蟲草花 1 両
38g cordyceps flower

茨實 1 両
38g gorgon fruits

木耳 3 大朵
3 wood ear fungus

圓肉 15 粒
15 dried longan

蜜棗 2 粒
2 sweet dates

薑 2 片
2 ginger slices

雞 半隻
1/2 chicken

水 2500 毫升
2500ml water

做法　Method

❶ 姬茸菇用水浸軟 30 分鐘，洗淨瀝水。
Soak blaze mushroom for 30 mins. Clean and drain to use.

❷ 白背木耳用水浸軟 20 分鐘，去硬蒂，汆水備用。
Soak wood ear fungus for 20 mins. Remove any hard part and blanch.

❸ 蟲草花用水浸軟 10 分鐘，洗淨瀝水。
Soak cordyceps flower for 10 mins. Drain to use.

❹ 圓肉、茨實和蜜棗沖水洗淨。
Rinse longan, gorgon fruits and sweet dates.

❺ 雞洗淨切件，放入沸水汆水，沖洗乾淨。
Cut chicken into quarters, clean well and blanch.

❻ 所有材料連開水 2500 毫升一同大火煲滾後轉文火煲約 2 小時，最後放鹽調味即成。
Combine ingredients with 2500ml of water in a pot, place over high heat until it boils. Switch to medium-low heat and cook for 2 hours. Add salt to taste.

茶 樹 菇 /

Agrocybe Aegerita

很多人會誤以為茶樹菇是由本菇曬成的，但矮矮的
本菇又怎樣曬成高高的茶樹菇呢？其實新鮮的茶樹
菇都是叫茶樹菇，只是香港比較少見而已。

儲存方法 乾爽陰涼地方

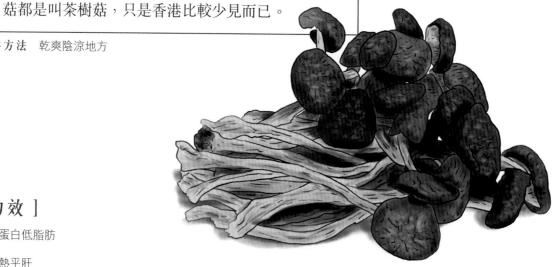

[功效]

· 高蛋白低脂肪

· 清熱平肝

· 降低膽固醇

· 健脾胃

· 增強免疫功能

· 防癌

· 祛除腸壁廢物

[處理]

· 剪去底部硬蒂，洗淨浸大
  約 10 分鐘即可。

⬆ 難度指數 3　　⏱ 1.5 小時　　👥 4 人份量

Agrocybe Aegerita and Mane Mushroom Vegan Soup with Mixed Nuts

猴頭菇茶樹菇合桃栗子乾素湯

湯水功效 ｜ 補腎健脾　益胃補腦　暖身補虛

材料　Ingredients

猴頭菇　2 個
2 mane mushrooms

茶樹菇　3 両
110g Agrocybe Aegerita

合桃肉　1 両半
55g walnut halves

腰果　1 両半
55g cashew nuts

栗子乾　1 両半
55g dried chestnuts

大紅蘿蔔　1 條
1 carrot

水　2500 毫升
2500ml water

做法　Method

❶ 先把猴頭菇用水浸約 30 分鐘至軟身，搾乾水分再換清水浸泡，重複至水變清晰，剪走蒂部，搾乾水分後撕開幾塊。
Soak mane mushrooms for 30 mins until soft, squeeze to remove excess water. Soak again in clean water. Repeat the process until the water squeezed out from the mane mushroom is clear. Remove any hard part. Tear into a few pieces.

❷ 茶樹菇剪掉蒂部，用水浸 10 分鐘，搾乾水分備用。
Cut off the muddy roots of Agrocybe Aegerita and soak for 10 mins. Drain to use.

❸ 合桃肉、腰果、和栗子乾混合，用熱水浸 10 分鐘，沖水洗淨。
Soak walnut halves, cashew nuts and dried chestnuts into hot water for 10 mins. Drain to use.

❹ 紅蘿蔔去皮切件。
Peel carrot and cut into chunks.

❺ 所有材料連 2500 毫升開水一同大火煲滾後轉文火煲約 1.5 小時，最後放鹽調味即成。
Combine ingredients with 2500ml of water in a pot, place over high heat until it boils. Switch to medium-low heat and cook for 1.5 hours. Add salt to taste.

猴頭菇 /

Mane Mushroom

猴頭菇，口感像肉類，所以不只限用於湯水中；更可用來炆炒、紅燒，甚至炸香！猴頭菇味甘、性平、對消化不良、神經不振以及腸胃潰瘍都有良好功效。

儲存方法 乾爽陰涼地方

[功效]

· 幫助消化

· 改善消化不良

· 利五臟

· 防治消化系統癌疾

· 增強免疫功能

[揀選]

· 表面毛毛清晰

· 菇身完整

· 顏色不會太深或太白

[處理]

- 猴頭菇要先泡清水約半小時，待軟透後要搾乾內裡水分，再換清水浸泡。

- 開始時搾出來的水是啡色的，重複步驟，反覆搾乾換水至水變清晰，代表完成浸發，最後剪掉蒂部，搾乾水分就可用來煲湯或煮食。

- 如果沒有跟照以上步驟，猴頭菇會有苦澀味道。

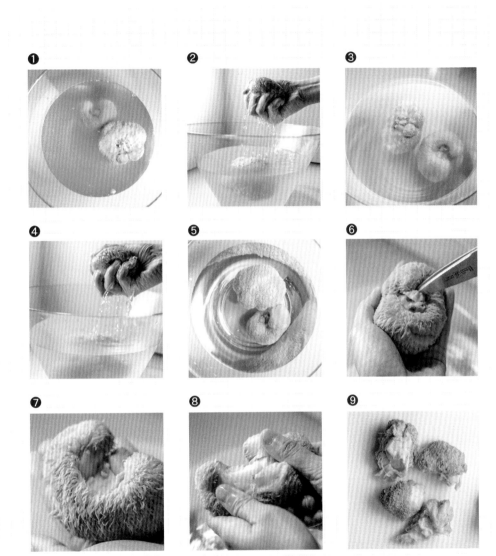

Mane Mushroom with Chayote and Carrot Soup

猴頭菇合掌瓜紅蘿蔔湯

湯水功效 | 疏肝理氣 潤肺抗燥 改善腸胃消化系統

材料　Ingredients

猴頭菇 2 個
2 mane mushrooms

百合 1 両
38g dried lily bulbs

海竹 1 両
38g polygonatum
roots

合掌瓜 2 個
2 chayotes

紅蘿蔔 1 條
1 carrot

蜜棗 2 粒
2 sweet dates

瘦肉 半斤
300g lean pork

水 2500 毫升
2500ml water

做法　Method

❶ 先把猴頭菇用水浸約 30 分鐘至軟身，搾乾水分後再換清水浸泡，重複步驟至水變清晰，剪走蒂部，搾乾水分後撕開幾塊。

Soak mane mushrooms for 30 mins until soft, squeeze to remove excess water. Soak again in clean water. Repeat the process until the water squeezed out from the mane mushroom is clear. Remove any hard part. Tear into a few pieces.

❷ 海竹浸洗切片；百合用水浸 30 分鐘；蜜棗洗淨。

Soak polygonatum roots for 10 mins and cut into slices. Soak dried lily bulbs for 30 mins. Rinse sweet dates.

❸ 把合掌瓜切件；紅蘿蔔去皮切件。

Peel carrot. Cut carrot and chayotes into chunks.

❹ 瘦肉切件，放入凍水汆水，沖水洗淨。

Cut lean pork into chunks and blanch.

❺ 所有材料連 2500 毫升開水一同大火煲滾後轉文火煲約 2 小時，最後加少許鹽調味，即成。

Combine ingredients with 2500ml of water in a pot, place over high heat until it boils. Switch to medium-low heat and cook for 2 hours. Add salt to taste.

蟲草花

Cordyceps Flower

雖然同樣有蟲草二字，但蟲草花並非來自冬蟲夏草，而是食用真菌類的一種。它適合所有人食用，而且價錢也親民太多太多了。

儲存方法 乾爽陰涼地方

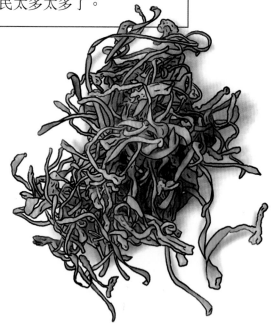

[**功效**]

· 增強免疫力

· 補肺益腎

· 紓緩鼻敏感

[**揀選**]

蟲草花屬於培植真菌類，選擇顏色鮮明，粗身且完整就可以。

花膠螺頭蟲草花湯

Fish Maw Soup with Cordyceps Flower and Conch

| 湯水功效 | 滋陰養顏　加強免疫力　扶正補虛 |

材料　Ingredients

花膠　1 両
38g fish maw

蟲草花　1 両
38g cordyceps flower

螺頭　1 両半
55g dried conch

生曬淮山　半両
20g Chinese yam

百合　半両
20g dried lily bulbs

紅棗　6 粒
6 red dates

水　2500 毫升
2500ml water

瘦肉　半斤
300g lean pork

做法　Method

❶ 花膠預先浸發好（參考 P.26）
Have fish maw prepared beforehand. (Please refer to P.26 for instruction)

❷ 螺頭清水浸軟，汆水後剪成小塊。
Soak conch in water until soft. Blanch and cut into small pieces.

❸ 蟲草花、淮山、百合洗淨略浸。
Soak cordyceps flowers, Chinese yam and dried lily bulbs. Drain to use.

❹ 紅棗洗淨，剪開去核。
Rinse red dates, remove the seeds.

❺ 瘦肉切件，放入凍水汆水後沖水洗淨。
Cut lean pork into chunks and blanch.

❻ 除花膠外，所有材料連 2500 毫升開水一同大火煲滾後轉文火煲約 1.5 小時。
Combine ingredients (except fish maw) with 2500ml of water in a pot, place over high heat until it boils. Switch to medium-low heat and cook for 1.5 hours.

❼ 放入花膠，再煲 40 分鐘，最後放鹽調味即成。
Add fish maw and cook for another 40 mins. Add salt to taste.

竹笙

Bamboo Fungus

市面上有培植竹笙和野生竹笙，在食用真菌、三菇六耳中，最為一般人所熟悉。竹笙像爽口的海綿，把湯的精華統統吸收後，超好吃啊！

儲存方法 雪櫃

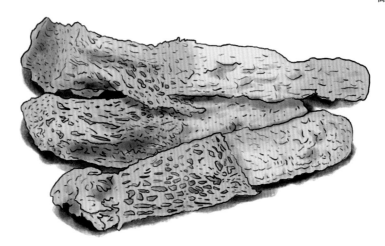

[功效]

· 清熱利濕

· 減少腹壁脂肪

· 降血壓

· 降膽固醇

[揀選]

· 色澤淺黃

· 氣味清香帶微酸，而非化學刺激味道。

· 整個完整，菌裙均勻。

· 質感軟熟

[分辨]

野生竹笙：氣味清香，
浸泡出來肉質爽身，肉
壁厚肉。

培植竹笙：多是包裝好
一大包的，肉壁較薄，
浸泡起來容易有潺。

[處理]

竹笙先去掉兩頭硬的部
分，用清水浸泡 30 分
鐘，再放入加了白醋的
滾水中焯 3 分鐘汆水，
再過水沖洗乾淨即可使
用。

竹笙先去掉兩頭硬的部分

竹笙海參瑤柱羹

Bamboo Fungus with Sea Cucumber Soup

湯水功效 | 清熱利濕 改善胃口 平和地滋補五臟

材料 Ingredients

海參 半斤（浸發好計）
300g sea cucumber (soaked)

竹笙 4 條
4 bamboo fungus

元貝 8 粒
8 dried scallops

冬菇 6 隻
6 shiitake mushrooms

雞 半隻
½ chicken

露筍 4 條
4 asparagus

水 2000 毫升
2000ml water

↑ 難度指數 5　　⏱ 2.5 小時　　👪 4 人份量

做法　Method

❶ 雞洗淨，汆水備用。
Clean chicken and blanch.

❷ 元貝先沖水洗淨，再用清水浸 30 分鐘，元貝水可留起用。
Rinse dried scallops first and then soak in water for 30 mins. The water can be used for the soup too.

❸ 準備 2000 毫升清水，水滾後放入雞和元貝，大火煲滾後轉文火煲約 2 小時。完成後取出雞和元貝，待涼後拆絲。
Combine chicken and dried scallops with 2000ml of boiling water in a pot, place over high heat until it boils again. Switch to medium-low heat and cook for 2 hours. Take out the chicken and dried scallop when the soup is ready, shred them when cooled down.

❹ 海參預先浸發好，切絲備用。(參考 P.19)
Have sea cucumber prepared beforehand. Shred sea cucumber. (Please refer to P.19 for instruction)

❺ 冬菇用水浸過夜至軟身，瀝水後加入生粉和油拌勻後放置 5 分鐘，沖水洗淨後搾乾水分，切絲；露筍同樣切幼絲；冬菇絲和露筍絲一同汆水 1 分鐘，瀝水備用。
Soak shiitake mushroom overnight until soft. Squeeze out excess water, mix shiitake mushroom with cornstarch and cooking oil. Rinse after 5 mins. Squeeze out excess water and shred. Also shred asparagus. Blanch asparagus and shiitake mushroom together for 1 min. Drain to use.

❻ 竹笙用水浸 20 分鐘至軟身，加白醋汆水後，沖水洗淨，搾乾水分，切圈備用。
Soak bamboo fungus for 20 mins until soft. Blanch in hot water with 2 tablespoon white vinegar. Rinse and squeeze out excess water. Cut into rings.

❼ 所有材料準備好，煮滾元貝雞湯，依次放入海參、元貝絲、雞絲、竹笙圈、冬菇絲、露筍絲。續煮約 10 分鐘，放鹽和胡椒粉調味。
When all the ingredients are ready, reheat chicken soup from step 3. Add ingredients accordingly : sea cucumber, dried scallop, chicken, bamboo fungus, shiitake mushroom and asparagus. Cook for another 10 mins. Add salt and white pepper to taste.

❽ 開馬蹄粉水，一邊攪拌湯羹一邊加入馬蹄粉水勾芡，直至質地變稠即成。
Stir in water chestnut starch-water mixture into the soup until it reaches the desired thickness.

PART 5

花草類與豆類

Plants and Beans

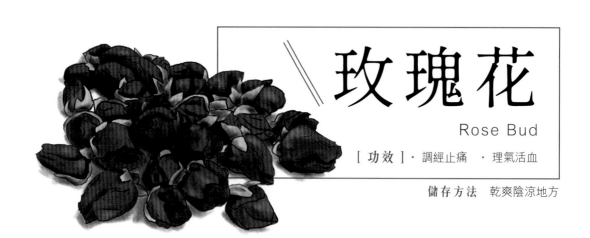

玫瑰花

Rose Bud

[功效] ·調經止痛 ·理氣活血

儲存方法 乾爽陰涼地方

金銀花

Honeysuckle

[功效] ·清熱解毒 ·消炎 ·清感冒

儲存方法 乾爽陰涼地方

茉莉花
Jasmine

[功效]· 降血壓 　· 抗衰老

儲存方法　乾爽陰涼地方

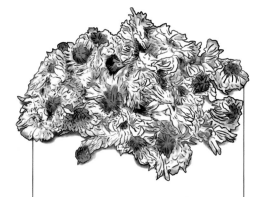

桂花
Osmanthus

[功效]· 暖胃 　· 美白解毒

儲存方法
乾爽陰涼地方

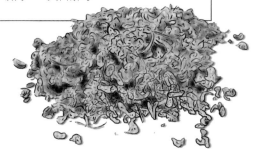

菊花
Chrysanthemum

[功效]· 清熱下火 　· 清肝明目

儲存方法　乾爽陰涼地方

洛神花

Roselle

[功效]・健胃消滯 ・ 消脂

儲存方法 雪櫃

蝶豆花

Butterfly Pea

[功效]・明目 ・含豐富花青素

儲存方法 乾爽陰涼地方

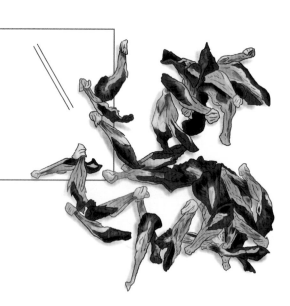

素馨花

Jasminum grandiflorum

[功效] ・疏肝通經　・行氣止痛

儲存方法　乾爽陰涼地方

薰衣草

Lavender

[功效] ・安眠寧神　・改善睡眠質素

儲存方法　乾爽陰涼地方

桑寄生

Sang Ji Sheng

[功效]　·祛風濕　·益血通經絡

儲存方法　乾爽陰涼地方

霸王花

Dried Night Blooming Cereus

[功效]　·清熱潤肺　·祛痰下火

儲存方法　雪櫃

雞骨草
Abrus Herb（Ji Gu Cao）

[功效]　·清熱解毒　·清肝熱

儲存方法　乾爽陰涼地方

夏枯草
Self-heal spike herb

[功效]·散結消腫　·解毒下火

儲存方法　乾爽陰涼地方

⬆ 難度指數 2　　⏱ 2.5 小時　　👥 4 人份量

Night Blooming Cereus with Conch Soup
霸王花沙參螺頭湯

湯水功效 ｜ 清肺熱　潤肺　消除口氣　紓緩喉嚨乾涸、眼熱　潤腸　改善便秘

材料　Ingredients

霸王花 2 兩
75g dried night blooming cereus

螺頭 2 兩
75g dried conch

南杏 8 錢
30g sweet apricot kernel

百合 1 兩
38g dried lily bulbs

沙參 1 兩半
55g shashen

無花果 4 粒
4 dried figs

瘦肉 半斤
300g lean pork

水 2500 毫升
2500ml water

做法　Method

❶ 螺頭預先浸軟，切開汆水，洗淨去腸備用。
Soak dried conch until soft. Blanch and cut into smaller pieces.

❷ 霸王花清水浸軟，撕開洗淨。
Soak dried night blooming cereus, tear them apart to clean.

❸ 南杏、百合、沙參、無花果洗淨。
Rinse sweet apricot kernel, lily bulb, shashen and dried figs.

❹ 瘦肉切件，汆水洗淨。
Cut lean pork into chunks and blanch.

❺ 所有材料連 2500 毫升開水大火滾起後，轉慢火煲約 2.5 小時，最後加少許鹽調味即成。
Combine ingredients with 2500ml of water in a pot, place over high heat until it boils. Switch to medium-low heat and cook for 2.5 hours. Add salt to taste.

⬆ 難度指數 2　　⏱ 1 小時　　👥 4 人份量

桑寄生蓮子蛋茶

Sang Ji Sheng Tea with Lotus Seed and Egg

湯水功效 ｜ 治經痛　強筋骨　祛風濕　補肝腎

材料　Ingredients

桑寄生 100 克
100g sang ji sheng

白蓮子 50 克
50g lotus seed

紅棗 10 粒
10 red dates

熟雞蛋 4 隻 (去殼)
4 boiled eggs
(peeled)

片糖 1 片
1 block of
brown sugar

水 2000 毫升
2000ml water

做法　Method

❶ 先把桑寄生清洗 2 次，然後用水浸約 20 分鐘，瀝水放入魚袋，備用。
Rinse sang ji sheng twice and then soak for 20 mins. Drain and put into a muslin cloth bag.

❷ 蓮子用熱水浸約 5 分鐘，盛起，去掉蓮子芯；紅棗去核。
Soak lotus seeds in hot water for 5 mins and drain. Remove lotus plumules if any; cut red dates into halves and remove the seeds.

❸ 除雞蛋和片糖外，所有材料連 2000 毫升開水一同大火煲滾後轉文火煲約 50 分鐘。
Combine ingredients (except eggs and brown sugar) with 2000ml of water in a pot, place over high heat until it boils. Switch to medium-low heat and cook for 50 mins.

❹ 最後加入雞蛋和片糖，再煮約 10 分鐘至片糖溶化即成。
Add eggs and brown sugar, and cook for another 10 mins until brown sugar is fully dissolved.

雞骨草靈芝雲苓茶

Abrus Herb and Ling Zhi Herbal Tea

湯水功效 ｜ 解毒　清肝火　舒肝和胃

材料 Ingredients

雞骨草 2 両
75g abrus herb

靈芝 2 両
75g ling zhi

雲苓 1 両
38g poria

紅棗 8 粒
8 red dates

蜜棗 2 粒
2 sweet dates

水 2000 毫升
2000ml water

做法 Method

❶ 所有材料用清水浸 15 分鐘，洗淨備用。
Soak all ingredients for 15 mins. Rinse and drain.

❷ 所有材料連 2000 毫升開水一同大火煲滾後，轉文火煲約 2 小時。
Combine ingredients with 2000ml of water in a pot, place over high heat until it boils. Switch to medium-low heat and cook for 2 hours.

⬆ 難度指數 2　　⏱ 1 小時　　👥 4 人份量

Self-heal Spike with Monk Fruit Herbal Tea
夏枯草羅漢果甘草茶

湯水功效 ｜ 解熱下火　清肝熱

材料　Ingredients

夏枯草 2 両
75g Self-heal spike herb

羅漢果 1 個
1 monk fruit

甘草 3 錢
12g Liquorice

水 1500 毫升
1500ml water

做法　Method

❶ 先把夏枯草沖洗 2 次，甘草洗淨，羅漢果洗淨後連核壓碎。所有材料放入煲內，加 1500 毫升清水浸 30 分鐘。

Rinse Self-heal spike herb twice to clean; rinse liquorice; rinse golden monk fruit and crush. Put all ingredients into a pot, together with 1500ml water and let sit for 30 mins.

❷ 30 分鐘後開火，大火煮滾後轉小火煮 30 分鐘，隔渣即成。

Turn on the heat after 30 mins. Use high heat until it boils, then switch to low heat and boil for 30 mins.

紅豆

Red Bean

[功效]・補血化濕

儲存方法　乾爽陰涼地方

綠豆

Mung Bean

[功效]・清熱解毒

儲存方法　乾爽陰涼地方

花生

Peanut

[功效]・和胃益氣

儲存方法　雪櫃

黑豆

Black Bean

[功效]·補腎烏髮

儲存方法 乾爽陰涼地方

花豆

Speckled Bean

[功效]·抗氧化 ·消疲勞

儲存方法 乾爽陰涼地方

眉豆

Black-eyed Bean

[功效]·健脾化濕

儲存方法 乾爽陰涼地方

赤小豆
Rice Bean

［功效］・利水祛水腫

儲存方法　乾爽陰涼地方

黃豆
Soy Bean

［功效］・利腸潤膚

儲存方法　乾爽陰涼地方

炒扁豆
White Flat Bean

［功效］・健脾化濕

儲存方法　乾爽陰涼地方

〈 功效索引
Efficacy index 〉

《 功效表一 》

表一

頁碼	食譜名稱	食材	功效
164	黃耳栗子合桃素湯	黃耳	補充膠質　寧神清熱　清腸胃　促進肝脂肪代謝
167	木瓜雪耳沙參海竹湯	雪耳	補肺益腎　潤肺止咳　紓緩鼻敏感
172	白背黑木耳蘋果杞子湯	木耳	降脂排毒　通血管　補肝明目
176	冬菇花生眉豆雞腳湯	冬菇	健脾除濕　利水消腫　滋陰養血
180	蓮藕髮菜蠔豉冬菇湯	髮菜	補益氣血　潤腸通便　降血壓
183	老黃瓜榆耳元貝湯	榆耳	清熱利濕　消炎　調節腸胃
186	姬松茸蟲草花木耳雞湯	姬茸菇	健脾益腎　對抗春困疲倦現象　補心養血
189	猴頭菇茶樹菇合桃栗子乾素湯	茶樹菇	補腎健脾　益胃補腦
192	猴頭菇合掌瓜紅蘿蔔湯	猴頭菇	疏肝理氣　潤肺抗燥　改善腸胃消化系統
195	花膠螺頭蟲草花湯	蟲草花	滋陰養顏　強免疫力　扶正補虛
208	霸王花沙參螺頭湯	霸王花	清肺熱　消除口氣　紓緩喉嚨乾涸　潤腸、改善便秘

湯水

64	燕窩紅棗燉鮮奶	燕窩	養顏嫩膚　修復受損細胞　強肺滋潤
89	益母草紅棗當歸茶	當歸	滋陰養血　潤燥養顏
131	蛋白杏仁茶	南北杏	止咳平喘　潤腸通便　生津潤肺
152	鮮奶杏汁燉桃膠	桃膠	滋陰養顏　潤腸通便　補充植物性膠原蛋白
209	桑寄生蓮子蛋茶	桑寄生	治經痛　強筋骨　袪風濕　補肝腎

甜品

79	陳皮冰糖燉檸檬	陳皮	生津止渴　利氣潤燥　止咳化痰
95	雲芝茶	雲芝	補肝排毒　防癌　增強抵抗力
99	養生四寶粉	田七、石斛、丹參	降三高　活血行氣　益氣提神　增強免疫力
117	玫瑰杞子紅棗茶	杞子	疏脾解鬱　明目補肝腎
119	黑杞子焗水	黑杞子	養肝明目　益精固腎　抗疲勞　抗衰老
127	桂圓杞子南棗茶	圓肉	補肝益腎　養血紅潤面色　安神安眠
129	三棗茶	紅棗、蜜棗、南棗	滋陰養血　潤燥養顏　抗衰老
137	雪梨乾無花果杞子茶	雪梨乾	潤肺生津　清熱養陰　寧心安神
143	花旗參麥冬蜜糖水	麥冬	潤肺清肝熱　生津解渴　益氣寧神
145	山楂蘋果茶	山楂	消脂化滯　生津解渴　健脾開胃
155	檸檬薏米水	薏米	法濕消暑　改善四肢浮腫　美白排毒　增強抵抗力
158	金羅漢果雪梨水	羅漢果	生津潤肺　清熱降火　止咳平喘
210	雞骨草靈芝雲苓茶	雞骨草	解毒　清肝火　舒肝和胃
211	夏枯草羅漢果甘草茶	夏枯草	解熱下火　消肝熱

茶飲

99種材料手繪圖鑑

《功效表二》

湯水是溫和的食療,可強身養生,亦可慢慢改善體質、預防疾病。
今天,想煲個靚湯,但茫無頭緒?
教大家一個簡單方法,就是根據自己當下的身體狀況和感覺去選擇。

身體狀況所需	頁碼	湯水	食材	功效
	48	海星蘋果海底椰湯	海星	消腫散結　化痰止咳　紓緩氣管敏感
	53	川貝海底椰鱷魚肉湯	鱷魚肉	化痰止咳　平喘　清熱潤肺
	76	雪梨太子參鴨腎湯	太子參	生津潤燥　潤肺潤膚　滋補養氣
	79	陳皮冰糖燉檸檬	陳皮	生津止渴　利氣潤燥　止咳化痰
· 喉嚨乾癢	101	鱷魚肉川貝蟲草花湯	川貝	止咳化痰　加強肺部和氣管功能　增強免疫力　潤肺正氣
· 氣管容易敏感	103	蛤蚧川貝鱷魚肉湯	蛤蚧	止咳化痰　紓緩哮喘　加強支氣管功能
· 咳嗽，氣喘	131	蛋白杏仁茶	南北杏	止咳平喘　潤腸通便　生津潤肺
· 聲音沙啞	134	紅蘿蔔馬蹄海底椰雪耳湯	海底椰	止咳化痰　滋陰潤肺　清熱生津
· 痰多黐喉嚨	137	雪梨乾無花果杞子茶	雪梨乾	潤肺生津　清熱養陰　寧心安神
· 大便乾結，容易便秘	140	菜乾陳腎羅漢果湯	菜乾、陳腎	養胃生津　清熱排毒　清燥潤肺
	143	花旗參麥冬蜜糖水	麥冬	潤肺清肝熱　生津解渴　益氣寧神
	152	鮮奶杏汁燉桃膠	桃膠	滋陰養顏　潤腸通便　補充植物性膠原蛋白
	158	金羅漢果雪梨水	羅漢果	生津潤肺　清熱降火　止咳平喘
	167	木瓜雪耳沙參海竹湯	雪耳	補肺益腎　潤肺止咳　紓緩鼻敏感
	208	霸王花沙參螺頭湯	霸王花	清肺熱　消除口氣　紓緩喉嚨乾涸　潤腸、改善便秘

身體狀況所需	頁碼	湯水	食材	功效
	56	菜乾紅蘿蔔蠔豉湯	蠔豉	滋陰生津　清肺胃熱
	134	紅蘿蔔馬蹄海底椰雪耳湯	海底椰	止咳化痰　滋陰潤肺　清熱生津
·熱氣上火	140	菜乾陳腎羅漢果湯	菜乾、陳腎	養胃生津　清熱排毒　清燥潤肺
·眼熱，眼垢多	143	花旗參麥冬蜜糖水	麥冬	潤肺清肝熱　生津解渴　益氣寧神
·口淡口渴	158	金羅漢果雪梨水	羅漢果	生津潤肺　清熱降火　止咳平喘
·戶外活動多	183	老黃瓜榆耳元貝湯	榆耳	清熱利濕　消炎　調節腸胃
·經常日曬下工作	198	竹笙海參瑤柱羹	竹笙	清熱利濕　改善胃口　平和地滋補五臟
	208	霸王花沙參螺頭湯	霸王花	清肺熱　消除口氣　紓緩喉嚨乾涸　潤腸、改善便秘
	210	雞骨草靈芝雲芩茶	雞骨草	解毒　清肝火　舒肝和胃
	211	夏枯草羅漢果甘草茶	夏枯草	解熱下火　消肝熱
·體力勞動多	38	海龍海馬湯	海龍、海馬	補腎長陽氣　消除炎症　改善尿頻
·雙腳乏力	70	鹿筋巴戟杜仲湯	鹿筋	補腰骨　祛風濕　紓緩關節痛楚
·腰痠背痛	87	巴戟杜仲牛大力湯	巴戟、杜仲	治腰骨痛　紓緩風濕發作　強筋健骼
·風濕骨痛	209	桑寄生蓮子蛋茶	桑寄生	治經痛　強筋骨　祛風濕　補肝腎
·下雨天關節痠痛				
·怕冷，不易出汗	82	黨參北芪栗子湯	黨參、北芪	防寒暖身　改善手腳冰冷　健脾補腎　補氣血
·長期吹冷氣	89	益母草紅棗當歸茶	當歸	滋陰養血　潤燥養顏
·少接觸陽光	127	桂圓杞子南棗茶	圓肉	補肝益腎　養血紅潤面色　安神安眠
·面色蒼白，手腳冰冷	129	三棗茶	紅棗、蜜棗、南棗	滋陰養血　潤燥養顏　抗衰老
·經期後需補氣血	209	桑寄生蓮子蛋茶	桑寄生	治經痛　強筋骨　祛風濕　補肝腎
·月經不調，經痛				

99種材料彩繪圖鑑

海味遇上湯

榮式住家飯 ✕ 海味二代

創造館
CREATION CABIN

f 創造館
🔍

⊙ creationcabin
🔍

作者	榮式住家飯、海味二代
插圖及攝影	波屎
策劃	余兒
編輯	小尾
校對	伍秀萍
設計	Zaku Choi
出版	創造館 CREATION CABIN LIMITED 荃灣美環街一號時貿中心 604 室
電話	3158 0918
聯絡	creationcabinhk@gmail.com
發行	泛華發行代理有限公司 將軍澳工業邨駿昌街七號二樓
印刷	高科技印刷集團有限公司
出版日期	初版：2020 年 7 月 第二版：2020 年 9 月 第三版：2021 年 12 月
ISBN	978-988-74563-0-8
定價	$128

Printed in Hong Kong